NUEVOS FORMATOS DE CINE DIGITAL

Arnau Quiles

NUEVOS FORMATOS DE CINE DIGITAL

MA
NON
TROPPO

© 2019, Arnau Quiles

© 2019, Redbook Ediciones, s. l., Barcelona.

Diseño de cubierta e interior: Regina Richling

ISBN: 978-84-948799-9-9
Depósito legal: B-172-2019:

Impreso por Sagrafic, Pasaje Carsi 6, 08025 Barcelona
Impreso en España - *Printed in Spain*

A mis padres.

ÍNDICE

INTRODUCCIÓN

Recientemente mi hija de dos años de edad trataba infructuosamente de manipular un vídeo de YouTube en un iPad mediante sus pequeños dedos. Acostumbrada a ver un mundo de adultos interaccionando continuamente con pantallas que contienen material audiovisual, el hecho de controlar cualquier tipo de medio de esa naturaleza debía parecerle, en su percepción infantil, lo más natural del mundo. Me vinieron a la cabeza suficientes ejemplos (y muy notablemente historias relatadas por otros padres) de otros casos de infantes que vanamente intentaban alterar imágenes impresas, páginas de revistas o periódicos, ilustraciones y dibujos variopintos en libros infantiles, y otro sinfín de estímulos gráficos mediante sus pequeños órganos táctiles, con el fin de transformar, o simplemente poner en marcha la supuesta experiencia que aquella imagen podría encerrar. Ante la paternal asunción de que aquel efecto no surtiría ningún resultado, mi esposa me llamó la atención hacia un motivo que podía alterar toda mi percepción sobre la relación entre el espectador y el fenómeno cinematográfico: ¿acaso no era factible que el primer público del espectáculo fílmico no tratara vanamente de «tocar» la pantalla como si se tratara de un objeto palpable y reactivo? Una leyenda común en la historia del cine cuenta que los primeros espectadores que vieron una proyección en la que aparecía el primer plano de un rostro, a su entender, una cabeza cortada, huyeron despavoridos de la sala al pensar que se trataba realmente de un individuo al que le habían seccionado la parte superior de su cuerpo. El público, en ese momento, no poseía la capacidad de interpretación que un nuevo medio, en este caso el cinematográfico, ofreciendo por primera vez una representación «realista y viva» del entorno en el que vivía el propio espectador, para determinar si aquello que estaba visionando era realidad o ficción.

Es muy interesante a día de hoy reflexionar sobre ese momento histórico. El hecho de no poder determinar si una imagen formaba parte de una «representación» o de la captación directa de la realidad, nos ilustra en gran medida sobre la limitada capacidad del ser humano para percibir la experiencia que le rodea. En el momento en que los elementos lingüísticos fallan, el espectador es incapaz de entender aquello que está viendo, y por extensión que está percibiendo. Aún así, es muy probable que algunas de las «leyendas» que alimentan la historia del cine sean muy incorrectas, o directamente falsas. Es el caso, por ejemplo, del famoso pánico que inundó al público de la primera proyección de los hermanos Lumière con la llegada del tren a la estación de Lyon. No solamente la anécdota es falsa, y en todo caso se refiere a otra proyección de un western muy posterior, sino que anticipa una relación entre espectador y pantalla que es aún totalmente imposible en ese momento. Otras «historias» que nos cuentan reacciones imprevistas del público cinematográfico nos traen, por ejemplo, la huida despavorida del mismo ante el primer plano de un actor −en una película de Georges Méliès− en el que el respetable, incapaz de captar el concepto del encuadre y la cámara, creyó que la cabeza del protagonista había sido decapitada. Otras narran las desventuras de individuos que trataban de descubrir qué se encontraba detrás de la luminosa pantalla o en el interior de ese extraño artilugio llamado proyector.

El espectador del cine primitivo no poseía aún la capacidad para interpretar aquello que estaba viendo, más allá de lo que le había dictado su propia experiencia sensitiva. El documental *Lumière! L'Aventure commence* de Thierry Frémaux repasa meticulosamente los primeros años de la historia del cine, centrándose muy especialmente en el nacimiento de un nuevo tipo de espectador, el público de cine, el cual tuvo que aprender de nuevo a mirar, a medida que un nuevo lenguaje se desarrollaba ante sus ojos.

Sea como fuere, la evolución −o revolución, según se mire− del medio cinematográfico, nos ha traído la mayor explosión en cuanto al número de pantallas se refiere −televisores, tabletas, ordenadores personales, teléfonos móviles− y eso sin cuantificar los nuevos inventos que aparecerán en los próximos años, los cuales alterarán de forma extraordinaria una industria en plena metamorfosis. Probablemente el cambio más drástico no se refiere ya a la increíble disparidad en ese número de pantallas y sus tamaños totalmente distintos –desde la minúscula pantalla del móvil hasta la inmensa de un teatro IMAX– lo cual por, supuesto, transforma radicalmente no solo la experiencia del espectador sino también la necesidad de repensar el propio lenguaje audiovisual, para que este se adapte a un entorno totalmente nuevo y extremadamente complejo.

Y si esto fuera poco esas pantallas están incluso evolucionando hacia el territorio de lo interactivo. En efecto, los nuevos dispositivos digitales ofrecen unas capacidades de interacción con los medios audiovisuales nunca antes vistas. Como veremos a lo largo de este libro, el enriquecimiento de la experiencia cinematográfica tradicional, se ve ampliada de forma extraordinaria mediante la integración de la tecnología digital, y muy especialmente de aquella que implica imagen y sonido. No en vano el cine ha tratado desde sus orígenes de emular la capacidad expresiva del sueño. Y no es de extrañar que la voluntad de manipular esa propia materia sea un verdadero reto para el ser humano. En los años en que por primera vez la industria del videojuego ha superado en beneficios a la del cine, es lógico plantearse hasta qué punto esos dos lenguajes tienden a converger para ofrecer una experiencia absolutamente nueva que pueda aportar lo mejor de ambos mundos.

En el libro *Producción de cine digital* observábamos hasta qué punto la revolución de Netflix estaba transformando de forma radical el consumo de productos audiovisuales por parte de un público cada vez mayor –y esto sin incluir aún el mercado masivo ofrecido por China– el cual se alejaba de las tradicionales salas de cine y de los canales de televisión, aportando una inmensa libertad al espectador para elegir el contenido que deseaba visionar. Si Internet ha supuesto en el último cuarto de siglo un verdadero cambio de rumbo en cuanto a la creación y explotación de los medios se refiere, la tendencia cada vez mayor a utilizar las nuevas herramientas que nos proponen para interactuar con ese material nos hace vislumbrar un futuro en el que la modificación de la información, muy especialmente del audiovisual, se convertirá en la norma.

Teléfonos móviles, tabletas, gafas de realidad virtual, todos estos dispositivos, que hasta hace poco podían parecer propios de la ciencia-ficción, se encuentran ya hoy en nuestras manos y a unos precios perfectamente asequibles. Paradójicamente los contenidos que pueden ofrecer, y las posibilidades a nivel lingüístico que ofrecen, están aún muy lejos de ser satisfactorias. Y eso no debe verse como un defecto o una falta de capacidad creativa, sino en el efecto producido por una tecnología que evoluciona de forma mucho más rápida que las propias industrias creativas que alimentan el medio. Y eso, por supuesto, sin contar con la dificultad que comporta el hecho de tener que inventar, escribir, probar –y fracasar– distribuir, explotar un mercado de contenidos aún por descubrir.

Aún ahora muchos profesionales del mundo audiovisual son enormemente escépticos en cuanto a ciertos nuevos medios, como puede ser, por ejemplo, el caso de la realidad virtual. No solamente no perciben en que mejora esa experiencia respecto al lenguaje cinematográfico tradicional, sino que con mucha razón apuntan al hecho de que el público sea incapaz de consumir los mismos por falta de conocimientos, y eso además agravado por la inexistencia de un sistema que permita monetizar dichos productos. Y si no hay dinero por tanto no puede crearse una industria. Las preguntas más frecuentes a propósito de estas nuevas tecnologías siempre suelen ser las mismas: ¿Quién lo consume? ¿A través de qué plataforma? ¿Cómo se paga? Y casi siempre, de forma un tanto pesimista, las conclusiones suelen ser las mismas: es muy interesante pero muy poco viable. Aunque demos por sentado que la digitalización de nuestra sociedad sea un hecho imparable, aún nos cuesta ya no imaginar sino establecer vínculos y proyectos sólidos dentro de un mercado del que se lleva años hablando como el nuevo El Dorado del entorno audiovisual, pero que aún es percibido por la profesión como una suerte de Grial inalcanzable, y bastante a menudo como una elucubración carente de cualquier tipo de realismo.

En los últimos años hemos visto como algunas de las *startups* más prometedoras del entorno han fracasado estrepitosamente, y eso dando un sinfín de argumentos a los detractores del mismo. El hundimiento, por ejemplo, de uno de los proyectos más innovadores de Google como fueron las malogradas Google Glass, que pasaron de ser la niña de los ojos de su fundador a desvanecerse tristemente en una silenciosa muerte prematura el mismo día en que su creador, quien no se las quitó en el plazo de tres años, se presentó a una conferencia sin ellas. Aquel día, el invento que tenía que revolucionar las vidas de millones de personas pasó a mejor vida.

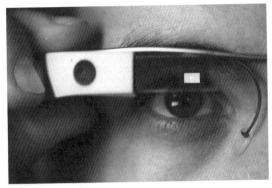

Google Glass

La realidad aumentada –la tecnología que permite enriquecer el contenido visual transmitido por una cámara en tiempo real mediante el añadido de mensajes multimedia a través de un dispositivo– es sin duda uno de los terrenos más fértiles en los que desarrollar aplicaciones en los años a venir. Información, gestión de todo tipo de facilidades, entretenimiento, etc. Las Google Glass estaban destinadas a convertirse en el paladín que introduciría –y convencería– a la sociedad en las bondades que la RA (Realidad Aumentada) podía ofrecerle. Su cancelación no hizo más que retrasar un evento que de por sí ya se considera inexorable, ya que si bien no disponemos hoy de tal dispositivo, es muy baja la duda de que sistemas análogos pueden integrarse muy fácilmente –y de forma increíblemente rápida– en nuestra vida cotidiana. Para ello solo hace falta observar hasta qué punto los teléfonos móviles han encontrado un lugar privilegiado dentro de la vida de los ciudadanos, como si de alguna forma el deseo de que existieran y estuvieran con nosotros siempre hubiera existido, pero que por algún azar del destino algo había retrasado su gloriosa integración dentro de nuestra existencia. Cada época conlleva sus propios problemas, y sin duda uno de los más cruciales en nuestros días es determinar a qué edad un niño puede disponer de un teléfono móvil, es decir, de un artefacto que le permitirá comunicarse –para bien y para mal– con el resto del mundo, y eso en todo momento y sin ninguna supervisión de un adulto. Este nuevo conflicto está generando toda clase de teorías respecto al tipo de educación con la que debemos armar a la nueva generación, esta ya nacida en plena sociedad digital, y que vive, por lo tanto, en el territorio numérico –o cibernético, según preferencias– con una naturalidad absoluta. Esos mismos habitantes del planeta digital son los que deberán decidir si los próximos lenguajes y productos audiovisuales se adaptan a sus deseos y necesidades. Y tal como ha sucedido con Netflix, un proyecto que ninguna gran industria audiovisual supo prever –mucho menos aún las instituciones de la cultura y los medios– y que, sin embargo, hoy factura unas cifras totalmente inalcanzables por el resto de las empresas tradicionales del sector, el futuro del cine se encuentra al alcance de su mano.

En este libro vamos a tratar de presentar al lector un abanico amplio de lenguajes y tecnologías que hoy se encuentran plenamente integrados en la sociedad digital. Vídeo interactivo, realidad aumentada y virtual, aplicaciones multimedia, etc. De forma revolucionaria las herramientas para la creación de estos productos se encuentran al alcance de todo el mundo. El repaso de los distintos formatos y sus principales modos y técnicas de producción serán el núcleo de la presente obra. Sin embargo, el objetivo de la misma va más allá, y es el de invitar al lector a plantearse cómo pueden evolucionar estos lenguajes y por extensión animarle a experimentar y desarrollar todo tipo de híbridos que pueden llegar a convertirse en productos de consumo masivo en el futuro más próximo. Es una asunción generalizada la de pensar que la evolución tecnológica no va a eliminar de forma permanente los contenidos, y sus modos de consumirlos, que existen en la actualidad, y, sin embargo, creemos firmemente en que los días a venir nos van a traer innovaciones sorprendentes y exitosas, las cuales están llamadas a redefinir de forma radical una industria aún muy joven, la cual nos ha ofrecido hasta ahora tal vez lo mejor que podía dar, y que se encuentra en los albores de su próxima evolución.

El objetivo de la presente obra es, por lo tanto, doble: por un lado, ofrecer una visión global y exhaustiva de la actual situación de los nuevos medios audiovisuales interactivos, y analizar las principales herramientas para su creación, así como los canales para su difusión y posterior explotación, y, por otro, indicar los caminos que la industria parece estar tomando, con vistas a establecer un análisis crítico que permita desarrollar al lector su propia concepción de los nuevos formatos cinematográficos y audiovisuales, con el objetivo de explorar –y tal vez descubrir– las nuevas obras que definirán el futuro inmediato de las artes audiovisuales.

Espectador con casco de realidad virtual.

1

LA REVOLUCIÓN DEL CINE DIGITAL EN EL SIGLO XXI

Nuevos medios audiovisuales

Uno de los conceptos más interesantes en los que venimos a llamar nuevos medios audiovisuales –o nuevos formatos cinematográficos, por el hecho de ser el cine el lenguaje fundacional de todo lo que puede considerarse narración audiovisual– es el efecto de convergencia, o confluencia de medios, entre la materia audiovisual y las propiedades de la comunicación digital. El término «convergencia mediática» o bien convergencia de los medios, proviene de Henry Jenkins, académico estadounidense de los medios de comunicación y profesor de comunicación digital y artes cinematográficas en distintas universidades norteamericanas. Según Jenkins la convergencia de los medios implica el flujo de contenido a través de múltiples plataformas mediáticas, incluyendo la cooperación entre sus distintas industrias y el comportamiento migratorio de sus audiencias, dispuestas a una interpelación de los medios en cuestión. Ese concepto implica una renovación absoluta del concepto de espectador: este ya no se encuentra sometido a una dictadura establecida por los canales emisores, sino que el público puede elegir con libre albedrío, ya no únicamente qué quiere ver y en qué momento lo quiere ver, sino además hasta qué punto puede intervenir en aquello que está visualizando, o para ser más adecuados aquello que está experimentando. Una clara influencia de Jenkins fue Ithiel de Sola Pool, un profesor de ciencias sociales cuyo libro *Tecnologías de la libertad* describía el fenómeno generativo en el plano de las comunicaciones causado por la tecnología digital.

Es innegable hoy en día admitir que los consumidores de productos audiovisuales han evolucionado hasta un estado que no únicamente les permite ser increíblemente críticos con aquello que están visionando, sino que además exigen ser parte inclusiva de esta transformación que ofrece el entorno digital. Jenkins habla de un nuevo modelo de consumidores activos a los que él denomina «prosumidores», fusionando los conceptos del profesional y consumidor. Si en la actualidad es difícil plantearse un espectador que no intervenga en las redes sociales, disponga de una serie de dispositivos móviles conectados a Internet y, por lo tanto, capaces de ofrecer en tiempo real y de forma ubicua información sobre cualquier tipo de *input* que le transmita aquello que está viendo o con lo que está interactuando, es esencial replantearse el concepto que define aquello que llamamos audiovisual. De nuevo según Jenkins: «La circulación de los contenidos mediáticos depende enormemente de la participación activa de los consumidores. La convergencia representa un cambio cultural que los anima a buscar nueva información y establecer conexiones entre contenidos mediáticos dispersos. Más que hablar de productores y consumidores mediáticos, como si desempeñaran roles separados, se desarrolla el concepto de prosumidores: participantes que interaccionan conforme a un nuevo conjunto de reglas. No todos los participantes crean contenidos iguales, unos consumidores poseen mayores capacidades que otros para participar en esta cultura emergente, y la convergencia se produce así, en el cerebro de consumidores individuales y mediante sus interacciones sociales con otros, cada uno construyendo su propia mitología personal a partir de fragmentos extraídos del influjo mediático y transformados en recursos mediante los que concedemos sentido a nuestra vida cotidiana».

Esta idea está muy influida por el concepto de «inteligencia colectiva» acuñado por el pensador francés Pierre Lévy, el cual la define como una fuente alternativa del poder mediático, ya que los recursos y habilidades compartidos entre los prosumidores genera una red de conocimiento que estos están aprendiendo a usar en sus interacciones cotidianas en el seno de la cultura de la convergencia.

En los últimos años hemos visto como cada vez más productos audiovisuales son creados por autores que no pertenecen, por así decirlo, a una industria estrictamente definida. Webseries en YouTube, webdocs presentados en una infinidad de canales o nuevos formatos audiovisuales, de narrativa convencional o interactiva, son presentados continuamente en la web y las redes sociales. Esta dinámica no solo altera de forma considerable la industria tradicional –puesto que ofrece directamente al espectador un amplio abanico de opciones a la hora de elegir qué es lo que quiere consumir– sino que además desarrolla un tejido, o mejor dicho una membrana, en la que creadores y productores empiezan a fusionarse tanto con su público como por los miembros de las industrias audiovisuales y multimedia. En la última década la obsesión por el avance de Internet y de la revolución digital ha provocado que el capital destinado a los medios tradicionales como el cine, la televisión o los productos multimedia, haya empezado a mirar muy seriamente hacia un terreno bastante difuso al que de forma un tanto obsoleta se define como «nuevos medios», verdadero cajón de sastre en el que caben formatos radicalmente distintos entre sí.

Pero si verdaderamente queremos centrarnos en un fenómeno que revoluciona completamente la creación audiovisual en nuestros días, este sin duda es la capacidad de cualquier usuario de producir contenidos de forma (prácticamente) individual y con un coste increíblemente inferior al de la industria. Y este efecto sumado al conocimiento y la progresiva capacidad de las nuevas generaciones para utilizar las herramientas y los lenguajes digitales, produce una especie de tsunami que nos vaticina unos cambios extraordinarios y un sinfín de nuevas experiencias audiovisuales en los años a venir.

Del soporte fotoquímico al digital

Los medios audiovisuales viven actualmente una extraordinaria transformación debido al espectacular incremento del número de pantallas, así como a la multiplicidad de sus formatos y funciones. Es fascinante imaginar las emociones que pudieron llegar a sentir los espectadores de las primeras sesiones del cinematógrafo a finales del siglo xix, prácticamente desprovistos de cualquier idea preconcebida sobre el fenómeno que se desarrollaba ante su mirada, en un momento en que la sociedad humana absorbe una cantidad ingente de vídeos y mensajes visuales y sonoros de toda clase.

Es aún más interesante si cabe tener en cuenta que todas las previsiones apuntan a que estas pantallas seguirán aumentando durante los próximos años, y los mensajes que nos transmiten llegarán a formar parte de cualquier ámbito de nuestra existencia.

En el libro *Producción de cine digital* Isidre Monreal y yo tratamos de resumir brevemente la evolución que ha vivido el medio audiovisual hacia su absoluta digitalización. Cine, vídeo y televisión han sufrido una tremenda metamorfosis desde sus orígenes analógicos y fotoquímicos hasta la actual coyuntura digital, y eso tanto en el ámbito de la producción como en el de la distribución y la exhibición. Internet ha absorbido con tal voracidad la imagen fílmica que se nos hace hoy difícil imaginar (o recordar) un mundo en el que las imágenes fluían sobre gigantescas pantallas proyectadas desde el celuloide, o transmitidas en modo catódico desde televisores de tubo, ondas hertzianas o cintas de VHS. Si en el libro mencionado presentamos las evidentes ventajas, tanto tecnológicas como económicas, que las herramientas digitales aportan a la comunicación audiovisual, una cuestión que no siempre genera unanimidad o consenso, el presente volumen pretende dar un paso más allá, e incorporando elementos propios de las tecnologías de la información y la comunicación tales como Internet, los dispositivos móviles o las más recientes aplicaciones de realidad aumentada y virtual, explorar el nuevo y asombroso universo que se abre para las artes cinematográficas, y de forma más general para el lenguaje audiovisual.

Proyector de cine de 35mm

El cine es un medio reciente que ha estado en transformación permanente desde sus orígenes, y esa metamorfosis ha estado siempre ligada a su evolución técnica. Ya desde los días en que los hermanos Lumière, tras la histórica presentación de su flamante invento, el cinematógrafo, en el Salon Indien du Grand Café el 28 de diciembre de 1895, le negaran a Georges Méliès la venta de uno de sus aparatos por considerarlo únicamente como una curiosidad científica sin ningún futuro comercial, el lenguaje fílmico se ha escrito en paralelo a sus capacidades tecnológicas.

Méliès era un avispado mago y prestidigitador que utilizaba toda una suerte de recursos en sus espectáculos tales como linternas mágicas, trucos con espejos, luz y proyecciones vaporosas. De inmediato se percató de las increíbles posibilidades que un medio como el cinematógrafo le proveía a un autor. Sus películas son un verdadero despliegue de trampas visuales, desapariciones, transformaciones y viajes alucinantes a toda clase de mundos maravillosos. No en vano se le considera a la vez pionero del lenguaje cinematográfico e inventor de los efectos visuales, así como del arte del montaje, proceso que él empleó principalmente como un recurso para hacer aparecer y desaparecer objetos y personajes, del mismo modo que un mago utiliza trucos diversos para embaucar a su público.

Le voyage dans la lune, de Georges Méliès

La obra de Georges Méliès es un excelente ejemplo de cómo la técnica determina un nuevo lenguaje. El montaje se puede considerar como el lenguaje natural del cine, ya que sus demás componentes –fotografía, escenografía, dramaturgia o interpretación, o incluso música, inicialmente interpretada en directo y grabada a partir de la invención del cine sonoro– existían previamente al invento de los Lumière. Sin embargo, la capacidad de narrar de forma secuencial, alternando un plano con otro y extrayendo un significado mediante la yuxtaposición de estos planos, es inherente al cine. Ningún sistema narrativo o representativo había podido explorar anteriormente los sueños humanos con tanta libertad y precisión.

La escritura cinematográfica ha evolucionado en paralelo a su evolución técnica: del cine mudo al sonoro, el color, los efectos especiales, el 3D, los gráficos generados por ordenador… Cada innovación del medio ha aportado a los cineastas una nueva capacidad y múltiples herramientas para contar las historias tal como las visualizaban. Ese mismo lenguaje se ha visto influido de forma determinante por dichas evoluciones tecnológicas. El neorrealismo italiano, por ejemplo, tuvo que hacer frente a las penurias de la posguerra rodando en la calle con luz natural y actores no profesionales por falta de presupuesto y estudios adaptados a los rodajes convencionales. Cineastas como Roberto Rossellini, cuya carrera se había iniciado en la industria cinematográfica italiana tradicional, vinculada al sistema de estudios, redefinió el cine moderno utilizando técnicas y recursos propios del documental, con cámaras ligeras y sistemas de grabación de sonido portátiles que contravenían la manera convencional de realizar una película en los tiempos del cine clásico. De la misma forma, los cineastas de la Nouvelle Vague francesa o el Cinema Novo brasileño se armaron de toda suerte de nuevos procesos, máquinas y artilugios para huir de las limitaciones que les imponía el restringido marco de la producción convencional.

Fotograma de *À bout de souffle*.

Un ejemplo interesante de esta relación entre arte y tecnología es el caso del ingeniero y cineasta francés Jean-Pierre Beauviala. Beauviala estudió en la Universidad de Grenoble, donde fue responsable del club de cine, sucediendo a Jean-Michel Barjol. Se graduó en 1962, con un doctorado en electrónica y se convirtió en profesor de electrónica en la universidad.

Para hacerse una película sobre las prácticas de planificación urbana de la época, Beauviala inventa los instrumentos que faltaban en la realización de su proyecto, es decir, el servo de los motores de cámara de cuarzo para eliminar el cable entre cámara y grabadora, luego la marca de tiempo para poder eliminar la claqueta, y graba sonido en tres grabadoras Nagra dispersas en varios lugares en su barrio en Grenoble. La película no se realizará, pero Beauviala continuará inventando.

Dejó su puesto en la universidad en 1968 y trabajó como consultor para el fabricante Éclair, donde creó el motor de cuarzo. Permaneció allí durante un año, luego se fue para fundar Aaton Digital en Grenoble cuando Éclair se mudó de París a Londres en 1972.

Con Aaton inventó, entre otros, la cámara puño (el *Paluche*), el tiempo en las cámaras de película de marcado en 35 mm de tres agujeros, o el Cantar (grabador de sonido digital).

Los inventos de Beauviala contribuyeron a liberar la cinematografía de sus pesadas ataduras y permitieron a toda una nueva generación de cineastas realizar unos filmes que hubieran resultado imposibles apenas unos años antes. Y no únicamente eso, sino que los guiones escritos por esos jóvenes realizadores fueron escritos en base a las posibilidades renovadas que les ofrecían las nuevas tecnologías.

La herencia de la televisión

La aparición de la televisión en los años cuarenta –y su progresiva popularización a partir de los cincuenta– supuso un cambio radical para la industria audiovisual. Por primera vez la pantalla se instalaba en los hogares y eso transformaba de forma permanente el acceso a la imagen fílmica. El arte que había saltado de las humildes y vulgares ferias y barracas a las nobles y glamurosas salas de cine, se convertía súbitamente en un bien al alcance de cualquiera.

Televisor de los años sesenta

Sin embargo, ese invento que aparentemente había de enriquecer la calidad de vida de millones de individuos, se convertiría con el tiempo en un verdadero yugo para la industria cinematográfica, ya que no únicamente aportaba toda una serie de contenidos que anteriormente solo podían ser visionados en las salas de cine, sino que además alteraba de forma extrema el concepto mismo de obra audiovisual. Hollywood se construyó en base a la necesidad por parte de un público creciente de consumir historias representadas de forma visual, y esa necesidad se transformó en una factoría que producía obras fílmicas en cadena. En una ya muy tardía entrevista con Luis Buñuel este explicaba cómo su primera experiencia en Hollywood llegó de la mano del legendario cineasta Josef von Sternberg, el cual tras almorzar con el de Calanda, le llevó a un set que representaba el Hong-Kong del siglo XIX, con sus canales y mercados, y en el que el estudio ya había instalado 27 cámaras para la filmación de la escena. Cuenta Buñuel que al llegar al set Sternberg se limitó a decir: ¡acción!

En ese momento la factoría fílmica que había creado Hollywood producía obras cinematográficas en cadena. Si un supervisor de producción observaba que algunos de los *stages* estaba infrautilizado, comunicaba inmediatamente al departamento de producción la falta de uso del mismo, y en un tiempo muy breve ya había un equipo de guion desarrollando un nuevo proyecto que se pondría en marcha en menos de tres semanas dentro del espacio disponible, incluyendo la construcción de decorados, el equipo de cámara y de iluminación, los maquinistas, maquilladores, vestuario y, por supuesto, los actores, los cuales al igual que cualquier otro profesional de la producción se encontraban en una situación de asalariados del estudio, en el *payroll*. No son pocos los aspirantes a cineasta que han fantaseado con esta situación, imaginando cuántas películas podían crear si se encontraran inmersos dentro del sistema de producción industrial que supuso Hollywood en sus primeras décadas. Basta con escuchar la loanza al gran John Ford, el cual tras finalizar un rodaje en un viernes tardío, reemprendería una nueva película el siguiente lunes a las 8:00 de la mañana.

Rodaje de John Ford

Es interesante apuntar a día de hoy, un momento en el que Netflix está revolucionando de forma absoluta la explotación del mercado audiovisual, como en sus orígenes la industria hollywoodense supo adaptarse a una demanda nueva por parte del público, y ofrecer toda una variedad de productos y formatos que se adaptarán a sus necesidades. En el momento en que las series televisivas han fagocitado gran parte del talento de la gran industria cinematográfica, cabe plantearse cómo ya en los años treinta, y en los albores del cine sonoro, las productoras norteamericanas supieron ofrecer al espectador un entretenimiento que podía lanzarse ya no solo a sus necesidades, sino también a la disponibilidad temporal y geográfica que este requería. Así, nacieron formatos como las matinales, o muy especialmente los seriales, los cuales eran películas que se visionaban de semana en semana, muy en la línea de las actuales series de televisión, que se han convertido hoy en el verdadero fenómeno rey de la creación cinematográfica. El público regresaba al cine el siguiente sábado para descubrir qué le había sucedido a su héroe, Tom Mix, Flash Gordon o The Phantom, los cuales habían acabado en la última secuencia del capítulo anterior en un intenso *cliffhanger*, es decir, un giro de guion que ponía al protagonista en una situación extremadamente peligrosa, y cuya resolución solo podría ser descubierta en el caso de acudir a la siguiente sesión de la película. En mayor o menor medida este sigue siendo el procedimiento que utilizan la mayoría de series de TV en este momento – con algunas notables excepciones como puede ser la tercera temporada de *Twin Peaks* realizada por David Lynch– y que mantienen en vilo a millones de espectadores deseosos de descubrir los destinos de sus personajes favoritos.

Es interesante observar cómo ya en los años treinta la mecánica basada en el «enganche» del espectador en la trama que desarrollaban los seriales sigue funcionando a la perfección prácticamente un siglo después. Y eso demuestra hasta qué punto el engranaje desarrollado por la industria hollywoodiense era brillante: el concepto de obra audiovisual al servicio de un público numeroso y sediento de emociones sigue idéntico y sólido en nuestros días, y sus estrategias han variado muy poco el terreno de lo narrativo. Series como *Lost, The Wire, Breaking Bad, Game of Thrones,* o la más reciente *Stranger Things* –justamente producida por Netflix– perpetúan un modelo ya bastante antiguo y eficaz: el de generar deseo en el espectador a base de colocar a los personajes protagonistas en situaciones particularmente ambiguas o peligrosas.

No mucho ha variado, por lo tanto, la narrativa audiovisual tradicional. Pero al recapitular lo que ha supuesto la transformación extraordinaria de los medios respecto a los antiguos seriales cinematográficos que tenían su lugar en las salas de cine de cualquier ciudad del medio oeste norteamericano, podemos apreciar hasta qué punto los formatos definidos no ya por criterios artísticos, sino por las necesidades económicas de los grandes estudios, redefinen de forma intensa el mismo concepto que tenemos de lo que significa una película. Pongamos un ejemplo: la duración media de un largometraje suele oscilar entre los 90 y 120 minutos. Esta duración a menudo se justifica como la que el espectador medio tiende a consumir con mayor facilidad. Dejando de lado ejemplos que cuestionen la regla o contravengan brutalmente la asunción, podemos admitir que el mayor porcentaje de obras cinematográficas creadas durante el último siglo se encuentran dentro de ese espacio temporal. Pero si, por otro lado, hacemos un cálculo simple en función del coste de producir una película en relación al precio de una entrada cinematográfica, nos daremos cuenta de hasta qué punto es coherente que la duración de la misma sea limitada. No ya en base a que el espectador pueda atender durante más de dos o tres horas la descarga audiovisual –o que sus necesidades fisiológicas se lo permitan– sino que a lo largo de las 24 horas del día un explotador fílmico pueda realizar un seguido de proyecciones del producto, para que el mismo sea rentable tanto para él como para el distribuidor, y en última instancia para el productor del filme. El concepto industrial que ofrece Hollywood, por lo tanto, demanda unas obras que se definen formalmente por su duración, de la misma manera que un libro puede definirse por su número de páginas, aunque en este caso la experiencia individual y solitaria que supone la lectura no afecte en su esencia a la pieza que debe generar su creador.

Este es probablemente el cambio más potente que el lenguaje cinematográfico ha vivido –y está viviendo– a día de hoy. En su momento, la irrupción de la televisión alteró de forma considerable la forma en la que el espectador consumía productos audiovisuales que tradicionalmente se habían consumido en las salas cinematográficas: películas, seriales, pero por supuesto también noticiarios –como, por ejemplo, en la España franquista el mítico NO-DO–, dibujos animados, comerciales, publicidad en general, etc. La progresiva introducción del televisor en los hogares de la población permitió el nacimiento de toda una serie de nuevos formatos que sencillamente resultaban imposibles dentro de la tradicional sala de cine. Estos incluyen los magazines, concursos, noticiarios diarios, reportajes o el formato norteamericano por excelencia, el *talk-show*, que sigue en este momento tan inmutable como lo fue en el momento de su invención al principio de la década de los años sesenta.

De la misma forma que en los albores del cine los formatos se adaptaron al nuevo invento y, dando nacimiento a artilugios que se presentaban en barracas de feria y permitían al espectador visionar una pequeña película mediante la introducción de un penique dentro de la ranura, la revolución que supuso el desarrollo de la televisión vendría a alterar de forma permanente ya no únicamente el negocio cinematográfico, sino también el tipo de lenguaje al que el público podía exponerse. Una de sus principales consecuencias, por ejemplo, se centró en el cambio notable del ritmo de montaje que los espectadores estaban dispuestos a aceptar. Al ser la televisión un medio de comunicación mucho más inmediato que el cine tradicional, la rapidez de la narración audiovisual se vio incrementada de forma espectacular. Y eso, por supuesto, dejando una huella manifiesta en lo que estaba por venir, ya que la generación más joven que creció en el mundo de la televisión en los años setenta y setenta, habría de requerir una adaptación de lenguaje cinematográfico en la misma línea que el ritmo más intenso de la televisión les ofrecía. Este factor de evolución paralela de la tecnología, el lenguaje audiovisual y la capacidad del espectador por interpretar imágenes cada vez más rápidas y fragmentadas se repetiría posteriormente con el desarrollo, por ejemplo, del magnetoscopio –el vídeo doméstico– que permitía visionar películas, pausarlas y rebobinarlas a placer, e incluso grabar programas de la televisión para verlos en el momento deseado.

Cintas de vídeo VHS

En el mismo momento del auge del vídeo casero –y de la famosa batalla tecnológica y comercial que enfrentó los formatos Beta Max y VHS– nace un nuevo formato audiovisual heredero de toda una tradición de películas musicales: el videoclip. Y fue en gran medida la aparición y popularización de un canal televisivo especializado en videoclips musicales, la MTV (Music Television), que permitió el desarrollo de este extraordinario formato con el cual de nuevo el lenguaje cinematográfico se transformaría de forma contundente, estableciendo una continua realimentación entre cine, publicidad y videoclip. Las películas que consumimos en la actualidad se encuentran radicalmente influenciadas por toda esta evolución lingüística y estilística. Basta con mirar cualquier obra de cineastas como Quentin Tarantino para darnos cuenta de hasta qué punto la cultura de la televisión, el videoclub y el videoclip han influenciado de forma permanente la manera cómo se narran las historias en nuestros días. Por otro lado, la nostalgia referente a la década de los ochenta nos está trayendo obras como, por ejemplo, la serie *Stranger Things*, producida por Netflix, una cuestión sobre la que volveremos en breve.

Y si la televisión fue la revolución audiovisual de los sesenta y el vídeo doméstico de los ochenta, el triunfo del campo del videojuego, que hoy en día ya puede considerarse como una de las industrias más exitosas del planeta, habiendo superado en beneficios incluso al cine, y con un número cada vez mayor de voces que tratan de otorgarle un lugar privilegiado dentro de la cultura humana, podemos decir que su lenguaje ha influenciado de forma absoluta en todo lo que podemos considerar como arte cinematográfico. Y si la velocidad incrementada de los planos y la narración fue en aumento con la televisión y el vídeo, los jóvenes espectadores de hoy tienen una capacidad cada vez mayor para conseguir un número extraordinario de mensajes audiovisuales, en gran parte debido a la atención que requiere –en términos de *inputs* visuales– el manipular material audiovisual de forma interactiva.

Consola de videojuegos

Justamente es en esta «convergencia» entre cine y videojuego donde puede encontrarse la clave que nos muestre la evolución del lenguaje audiovisual de nuestro futuro inmediato. Tal como la televisión influenció de forma permanente en la totalidad de la creación audiovisual, podemos ver claramente cómo la integración del ordenador y de Internet en nuestra vida cotidiana ha empezado a transformar los mensajes y productos audiovisuales que estamos acostumbrados a consumir. Y más importante aún: de qué forma podemos relacionarnos con los mismos, acaso como espectadores pasivos que reciben la obra audiovisual sin más, o interactuando y transformando la misma gracias a las nuevas capacidades que nos ofrece el mundo digital.

Nuevas tecnologías, nuevas cinematografías

Tal como hemos comentado anteriormente la evolución tecnológica aporta una transformación notable en todos los aspectos de la obra cinematográfica: tanto en su modo de producir, exhibir y explotar las mismas como en las estéticas y los lenguajes que la conforman. En ese sentido es interesante reflexionar de nuevo sobre los parámetros que configuran aquello que llamamos una película. Si anteriormente apuntábamos al hecho de que la evolución de la televisión o el vídeo doméstico habían provocado un cambio notable en las costumbres del espectador, vivimos a día de hoy una verdadera explosión de medios y canales a través de los cuales podemos acceder al contenido audiovisual. En nuestro televisor, la pantalla del ordenador o nuestro teléfono móvil, estamos a un solo clic de visionar la película que deseamos en cualquier momento y en cualquier lugar. Eso obviamente ha supuesto una revolución extraordinaria con respecto al mercado tradicional que representaba el viejo cine. En el libro *Producción de cine digital* analizábamos esta transformación y apuntábamos los pros y los contras que podían representar, como puede ser, por ejemplo, el auge de la piratería de contenidos, el cual hace peligrar el modelo tradicional de explotación del cine. Por otro lado, sin embargo, el hecho de haber permitido al espectador acceder de forma mucho más simple y rápida a los contenidos ha provocado que vivamos en estos momentos el mayor consumo de películas de toda la historia del cine.

Pantalla de Netflix

En ese sentido es muy notable el triunfo asombroso que está viviendo el canal Netflix. En sus orígenes, esta era una empresa que se dedicaba a alquilar películas en VHS a través de un catálogo y cuyos clientes pagaban una cuota fija mensual, pudiendo consumir el número de vídeos que desearan. Una vez visionada la película no tenían más que devolver la cinta mediante un sobre con el franqueo postal incluido. Quién hubiera dicho que pasadas menos de dos décadas esta empresa iba convertirse en la más exitosa del actual panorama audiovisual. En efecto, a día de hoy Netflix se ha convertido en uno de los principales estudios de producción cinematográfica del mundo. Facturan más que los grandes estudios de Hollywood y también que sus principales competidores como pueden ser Amazon Studios o HBO. Y esto lo han logrado con dos principios: primero ofreciendo un canal directo al espectador y que puede ser consumido a través de cualquier dispositivo. En ese sentido han revolucionado el concepto de la televisión de pago por cable, cuyos principales canales fueron los responsables de popularizar las nuevas series de televisión. Y, por otro lado, han creado un modelo de producción horizontal: en lugar de centralizar toda su producción en un solo estudio, lo hacen utilizando asociados en una multitud de países, permitiendo así crear muchísimo más contenido original que cualquier otro estudio y ofreciendo de paso al público de distintos países tanto obras internacionales como otras producidas a nivel nacional y empleando actores, artistas y técnicos locales.

De esta forma Netflix ha entrado a formar parte de las grandes empresas tecnológicas tal como pueden ser Google, Apple, Facebook o Amazon. Y de la misma manera que se está transformando el modelo tradicional de transporte o el alquiler de los apartamentos turísticos, Netflix ha supuesto en los últimos años una absoluta revolución –y no exenta de enormes polémicas– en cuanto a lo que la industria audiovisual se refiere. Es inevitable apuntar cómo su fundador y director ejecutivo, Reed Hastings, percibe antes que nadie la transformación digital que se avecinaba. Y no podemos negar que esta innovación, hoy en día ya aceptada por –casi– todos, se ha venido retrasando enormemente a causa de los frenazos y trabas que las empresas tradicionales del sector, viendo que su modelo económico peligraba, trataron de imponer, muy a menudo utilizando la fuerza de los *lobbies* para obtener leyes y políticas de cultura y comercio que les fueran ventajosas.

En 2017 este conflicto entre cultura e industria tuvo su punto culminante en el festival de cine de Cannes, probablemente el más importante del mundo, que si bien en ese momento programó películas en su sección oficial que habían sido producidas por Netflix, vio como los distribuidores y exhibidores cinematográficos, así como los responsables culturales del gobierno francés, pusieron el grito en el cielo y clamaron contra el sacrilegio al saber que esas películas no se iban a estrenar en las salas cinematográficas. En efecto, el negocio de Netflix consiste en cobrar una cuota mensual a sus usuarios, y eso, por supuesto, no incluye ningún plan de que los contenidos tengan que ser disfrutados en cualquier otro lugar que no sea un dispositivo del cliente. Para el excepcional modelo cultural francés eso es poco menos que un crimen, y el propio director del festival de Cannes ha afirmado que si una película no se ve en una sala de cine entonces no se puede considerar como cine.

Alfombra roja del festival de Cannes

Los organizadores del festival decidieron entonces que ninguna película que no garantizara su estreno en las salas convencionales podría competir en el prestigioso evento. Sin embargo, la importancia que supone la irrupción de Netflix en el mundo del cine no puede tomarse a la ligera. Directores de la talla de Martin Scorsese o Bong Joon-ho han logrado producir sus últimos trabajos gracias a la plataforma. Y recientemente, a modo de respuesta a la batalla planteada por Cannes, el director del festival de cine de Venecia –principal competidor del certamen francés– no solo ha abierto las puertas a numerosas producciones tecnológicas, sino que además se ha manifestado abiertamente a favor del modelo Netflix, afirmando que no se le puede dar la espalda al futuro. De esta manera, la Mostra de Venecia, que cumple en 2018 su 75 edición, incluye nada menos que seis películas producidas por el gigante norteamericano. Entre ellas la nueva película de los hermanos Coen y la última –e inacabada– obra de Orson Welles. La batalla, por lo tanto, está servida, y en los próximos años veremos cómo la evolución de los nuevos modelos de producción y distribución digital avanzan, sin duda dejando atrás a un número cada vez mayor de antiguos estudios.

Pero como cualquier regla siempre tiene sus excepciones, la mostra de Venecia también presentará la última película de Alfonso Cuarón, uno de los cineastas mexicanos de mayor proyección internacional y responsable de éxitos como *Gravity* o *Y tu mamá también*, y cuyas películas han sido ampliamente premiadas a la par que enormemente exitosas en el plano comercial. Su último largometraje, *Roma,* un retrato de la infancia del director en su México natal, se convirtió en un verdadero fenómeno antes incluso de ser presentado en el festival, cuyo presidente del jurado era Guillermo del Toro, ganando el León de oro bajo la producción de Netflix. Lo sorprendente del caso es que en pleno conflicto entre festivales por la cuestión de la preservación de la exhibición tradicional cinematográfica, Cuarón y su distribuidor ya han anunciado que la película podrá verse en los cines –de hecho la plataforma ya ha anunciado una nueva política de estrenos en cines en la citada película del mexicano, así como la de los hermanos Coen– aportando su propio granito de arena a un conflicto en pleno desarrollo.

Este movimiento supone un notable cambio para Netflix, cuyo modelo siempre ha dado prioridad a sus suscriptores y al consumo doméstico de productos audiovisuales frente a los cines. «Ver *Roma* en la pantalla grande es tan importante como asegurar que la gente de todo el mundo tenga la oportunidad de experimentarla en sus casas», ha afirmado Cuarón. *Roma* fue rodada en 65 milímetros y complementada con una mezcla de sonido Atmos muy compleja. Aunque un cine ofrece la mejor experiencia posible para *Roma,* «fue diseñada para ser igualmente significativa cuando se experimente en la intimidad del hogar», ha añadido.

Pero como no podía ser de otra manera tratándose de Netflix, la película del mexicano no es del todo convencional. Es una producción mucho más humilde que sus anteriores superproducciones, rodada en blanco y negro digital y lo que es más impresionante aún: de forma cronológica. El director ha podido realizar su producción más larga hasta la fecha –105 días– y además escribiendo el guion día a día de forma prácticamente documental, y presentándolo así a los actores, los cuales desconocían la historia completa, por lo que debían improvisar cuando las reacciones de sus compañeros les sorprendían de forma inesperada.

Por otro lado, aunque la producción de largometrajes de Netflix es cada vez mayor, y tal como hemos dicho anteriormente en un número creciente de países –sin dejar de lado el éxito que han demostrado al sumar a su catálogo una notable cantidad de documentales– las series de televisión siguen siendo su principal baza. Y es impresionante darse cuenta lo rápido que se han comido el mercado cuando se tiene cuenta que su primera producción original *Orange is the New Black* apenas se empezó a emitir en 2013. El impresionante éxito de *Stranger Things* ha catapultado al canal a sus actuales meteóricas cifras de abonados, los cuales no cesan de aumentar, y a redefinir completamente el mismo concepto de serie. Si anteriormente hablábamos de aquellos antiguos seriales cinematográficos que tenían lugar en los cines, y posteriormente las grandes televisiones por cable, nos damos cuenta de que Netflix ha cambiado una de las reglas fundamentales gracias a su explotación realizada únicamente por Internet: la simultaneidad del estreno de todos los capítulos de una vez. En efecto, si tradicionalmente debíamos esperar una semana para ver el capítulo siguiente de nuestra serie favorita, muriéndonos de ansiedad por descubrir qué le iba pasar al protagonista, el modelo actual ya no tiene en cuenta esta separación en el calendario, simplemente publica la totalidad de los capítulos –10,13 o 20– el mismo día. Esto obviamente ha producido un efecto llamado *binge-watching*, es decir, un atracón de capítulos a lo bestia.

Jóvenes ante una pantalla

De nuevo, si reflexionamos hasta qué punto las tecnologías de la distribución alteran el modelo convencional de la obra audiovisual, nos damos cuenta de que la duración de una película hoy importa bien poco. Las nuevas generaciones estarán perfectamente acostumbradas a tragarse lo que podríamos considerar como una película de 13 horas en un mismo sábado. Lo que antiguamente podía parecer una salvajada –algunos incluso lo defendían como algo irrealizable y que vulneraba el mismo concepto de lo que era la esencia del cine– es en la actualidad lo más normal del mundo. Y eso obviamente afecta a la escritura de las obras. Los equipos de guionistas tienen perfectamente en cuenta que los nuevos espectadores se han convertido en unos verdaderos «cinéfagos» que pueden consumir más y en el menor tiempo que cualquier otro público en la historia del audiovisual. Ese mismo efecto se está viendo reflejado también en la producción cinematográfica más tradicional, la cual está produciendo una enorme cantidad de películas más inspiradas en el modelo del serial que en el de la obra individual. Este es, por ejemplo, el caso de las nuevas franquicias de superhéroes, capaces de producir hasta tres y cuatro largometrajes en un mismo año que pertenecen al mismo multiverso. Es, por lo tanto, crucial entender el nuevo modelo de mercado y consumo, ya que este se encuentra apenas en los albores de su crecimiento. Y es muy probable que el futuro de la producción audiovisual se centre principalmente en el mismo.

El auge de Internet y el fenómeno YouTube

Hemos hablado de cómo la revolución producida por Internet ha alterado de forma permanente la manera en que consumimos e intercambiamos información digital. Es lógico sorprenderse ante el hecho de que la llegada de YouTube a la red, teniendo en cuenta que apenas tuvo lugar hace unos 15 años, y que hoy se lleva más de 1/3 de la totalidad de búsquedas de Internet, ha representado un verdadero revulsivo en cuanto a lo que a productos audiovisuales se refiere. Se ha hablado ya mucho sobre el fenómeno que supone YouTube. Y en el excelente libro de Gabriel Jaraba *YouTuber*, el autor desgrana minuciosamente el proceso de creación y producción de obras extremadamente especializadas, realizadas con unos presupuestos mínimos, y que debido al masivo público al que apuntan pueden obtener millones de visitas y generar astronómicos dividendos a sus autores.

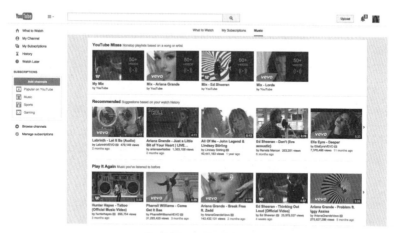

Pantalla de Youtube

Tutoriales, vídeos de aventura, de descubrimiento, entretenimiento descerebrado o, por supuesto, *gamers* –comentarios sobre videojuegos o partidas de los mismos– y un sinfín de consejos personalizados en cualquiera de los ámbitos del conocimiento, el deseo o las ansiedades humanas. En muy pocos años, la ventana que ofrece la empresa hoy propiedad de Google, ha desarrollado una sorprendente estructura profesional donde anteriormente la industria cinematográfica necesitó décadas para construirse. *YouTubers* e *Influencers*, pero también empresas, plataformas y agencias que asesoran, producen y distribuyen su propio contenido a través de una red de apariencia gratuita, pero que al igual que su empresa madre y cualquier otra gran tecnológica, se nutre de los datos que le ofrecen los propios comportamientos de los usuarios, obteniendo así el rédito de lo que hoy se considera el bien más valioso de la humanidad: la información.

En su reciente libro *21 lecciones para el siglo xxi* el historiador Yuval Noah Harari apunta a que si en la antigüedad la riqueza se concentraba en la propiedad de la tierra, y que en los últimos dos siglos esta riqueza se desplazó hacia el control de las fábricas y máquinas que producen todo aquello que consumimos, en el siglo XXI este valor se está desplazando hacia el control de la información y muy especialmente del comportamiento que tiene el usuario en el momento de interactuar con los medios digitales. El Big Data que se extrae de todas las interacciones que realizamos con cualquiera de nuestros dispositivos digitales, ofrece a las corporaciones una información privilegiada sobre aquello que amamos, deseamos y anhelamos, lo cual en última instancia es trasladarle a la empresa un mayor conocimiento sobre nosotros mismos del que jamás cualquier ser humano ha tenido.

En *Producción de cine digital* ofrecíamos un panorama de lo que representa YouTube para la industria audiovisual. Y nos centramos especialmente en la capacidad de crear contenido para la plataforma, así como en los métodos de monetización y obtención de beneficios, mediante la explotación de mensajes publicitarios y otras fuentes de ingresos que el canal permite al usuario, convertido ya en un profesional –o *prosumer* – el cual genera la enorme mayoría de contenido que podemos encontrar en la red. Ya hablábamos en el libro anterior de cómo las grandes tecnológicas habían logrado un hito único y singular en la historia del trabajo humano: tener a millones de empleados proveyéndoles con producto y contenido de forma totalmente gratis. Es notable observar que en 2018 la política de retribución de YouTube con respecto a sus usuarios-creadores ha cambiado radicalmente –beneficiando claramente a las organizaciones mayores frente a los pequeños *YouTubers*– provocando un gran número de protestas, y algún que otro incidente en el que se han visto involucradas armas y suicidios. No es casual, por lo tanto, que estemos viviendo el instante en el que YouTube ya ofrece a sus espectadores la posibilidad de evitar los molestos anuncios publicitarios, mediante el pago de una suscripción prémium, en la misma línea que servicios de contenidos musicales como Spotify ya están haciendo.

El interés en el que centramos esta obra es un tanto diferente. Queremos explorar las capacidades de interacción que nos pueden ofrecer las plataformas de Internet, muy especialmente aquellas centradas en los medios audiovisuales y multimedia. Como veremos, YouTube y otras plataformas disponibles *online* ofrecen a los usuarios un terreno extremadamente fértil en cuanto a creación multimedia se refiere. Y en ese sentido debemos apreciar hasta qué punto Google transmite herramientas y conocimientos para que los usuarios se conviertan fácilmente en creadores y productores.

Y si asumimos que los principales rivales de Netflix pueden ser HBO o Hulu, empresas que obviamente no son ajenas al extraordinario método de expansión que utiliza el grupo, y que debido a su experiencia en el terreno de la explotación de contenidos en *streaming* se hallan en una situación de competición privilegiada, no es de extrañar que el modelo de YouTube tenga también a sus perseguidores. Es, por ejemplo, el caso de los servicios de Amazon: Prime Video y Twitch. Pero sin duda la nueva sensación en ese campo es el servicio Watch, ofrecido por el gigante indiscutido de las redes sociales, Facebook. Watch, la nueva plataforma de contenidos de vídeo, se impone a partir de 2018 en el mundo, mucho después de los demás. Y sin duda esta sensación de llegar algo tarde –y después de centrar su atención más bien en el campo de la realidad virtual, caso que estudiaremos un poco más adelante– puede hacernos presagiar una fabulosa campaña de *marketing* para combatir en un territorio ya ampliamente saturado de ofertas brillantes.

Pantalla de Amazon Prime

Do It Yourself: La democratización de los medios en la era digital

De nuevo en *Producción de cine digital* nos referíamos específicamente a una nueva posibilidad que la digitalización de los medios había aportado a la sociedad: la capacidad de crear de forma fácil y barata cualquier tipo de producto audiovisual y multimedia. Si en el pasado las herramientas y modelos productivos eran extremadamente costosos y, por lo tanto, reservados a una minoría controlada por los grandes medios de producción. En la actualidad, cámaras, equipos de posproducción y medios de difusión de los contenidos audiovisuales se encuentran al alcance de cualquiera, haciendo realidad de esta forma aquella idea de Francis Ford Coppola que a mediados de los años noventa afirmó que el futuro del cine se encontraría en manos de una jovencita de Texas, la cual agarraría una pequeña cámara digital y realizaría la nueva obra maestra del cine. Obviamente sin llegar tan lejos debemos admitir que las ofertas en cuanto a técnica y difusión se refiere –y eso para gran desgracia de los distribuidores y exhibidores tradicionales– se han vuelto cada vez más accesibles para el gran público.

Y como ejemplo el nuevo servicio gratuito de Facebook, Watch, propondrá contenidos en directo o en difusión sobre una infinidad de temas. El propio responsable de la plataforma afirmó: «Hemos creado este producto de manera que los usuarios no se encuentren meramente en una lógica pasiva del consumo de los vídeos, de manera que puedan participar en ellos», y esto se convierta en un momento enriquecedor. Y para el jefe de Facebook, Mark Zuckerberg, la plataforma debe convertirse en la red de referencia en la que piensan los internautas cuando buscan vídeos. Este nuevo servicio está llamado a relanzar la dinámica que favorezca «interacciones sociales de calidad». En su opinión nada mejor que el vídeo para federar a sus millones de usuarios y promover de paso un uso más responsable de los medios.

Después de la llegada de Facebook solo cabe esperar a Apple, pionero de la descarga del vídeo, y única gran corporación tecnológica que aún no propone un servicio de contenidos audiovisuales en *streaming*. A menudo anunciada, Apple Video, idéntico modelo que Apple Music, no debería tardar demasiado, incentivada por la gran inversión que la empresa ha destinado a las producciones audiovisuales.

Pantalla de Apple Music

Es asombroso, por lo tanto, descubrir la increíble cantidad de producciones realizadas en 2017 por medios totalmente nuevos –Netflix, Amazon, Apple, etc.– enfrente de los pesos pesados del «antiguo mundo» como, por ejemplo, Disney, Paramount o HBO. Hasta 487 series producidas por los mismos, lo cual nos puede indicar hasta qué punto estos nuevos actores dentro de la producción audiovisual están firmemente determinados a llevarse la mayor parte del mercado posible.

Las nuevas pantallas del siglo XXI

¿Qué define entonces una pantalla en la actualidad? Acaso la ubicuidad de su formato –pantallas de cine, ordenadores, tabletas, teléfonos móviles– o bien la desvinculación geográfica, espacial y temporal en la que consumir cualquier tipo de producto audiovisual, sea cual sea su formato y duración. Sin duda, la lección que nos brindan los dispositivos y sus posibilidades técnicas, especialmente aquellas que permiten interactuar con el contenido –muy particularmente con los comentarios, los cuales han establecido un nuevo modo de relacionarse en el terreno digital– y que determinan de forma consistente y durable los comportamientos de los nuevos creadores de lenguaje audiovisual. Es inevitable admitir que la presencia de dispositivos móviles en nuestras manos altera de forma considerable cualquier fenómeno que podamos presenciar. Y esto no es diferente ante los contenidos audiovisuales. Twitter, Facebook y demás redes sociales nos permiten evaluar y comentar en tiempo real aquello que estamos viendo. Este mecanismo es sin duda uno de los factores más esenciales a la hora de plantearse una obra audiovisual en el siglo XXI. Por lo tanto, vamos a analizar los principales medios de producción audiovisual disponibles para cualquier tipo de público en relación con sus canales de distribución, y, por supuesto, con los medios digitales que le afectarán tanto en lo inmediato como en el futuro permanente que representa la memoria de la red.

Ventanas de distribución en cine

¿Por qué nunca los grandes estrenos llegan primero a Netflix o a YouTube? ¿Por qué las películas más esperadas llegan primero al cine? ¿Por qué tardan tanto en publicarse en DVD o Bluray? La culpa la tienen las ventanas de distribución.

El sistema de ventanas de distribución se implementó en los años ochenta como medida para que una misma película no compitiera contra ella misma en diferentes canales. El objetivo era conseguir los máximos beneficios posibles que una misma película podía conseguir primero en el cine, luego en DVD y, después, en alquiler, en televisión, etc. De esta manera, cada parte del ecosistema tendría su pedazo de pastel, su «negocio» asegurado.

La premisa es básica: hasta que no se «agota» un canal, no se pasa al siguiente. Así, el modelo tradicional establecido cuenta con que una película se estrena en exclusiva en las salas de cine en un tiempo que más o menos gira en torno a los cuatro meses. Pasado ese tiempo, comienza la ventana de distribución, el turno para los demás canales.

Lo normal es que entre el cuarto y el sexto mes tras el estreno en cines se lance la película en DVD. Entre el quinto y el séptimo mes post estreno empieza a estar disponible en alquiler digital, pago por visión (*pay-per-view*) y descargas digitales (iTunes). Más adelante, en unos dos años (y aquí hay matices), llegaría a servicios de vídeo a la carta como Netflix, HBO, Amazon, etc. Y, finalmente, en un plazo superior a dos años, le toca el turno a la televisión por cable y televisión en abierto.

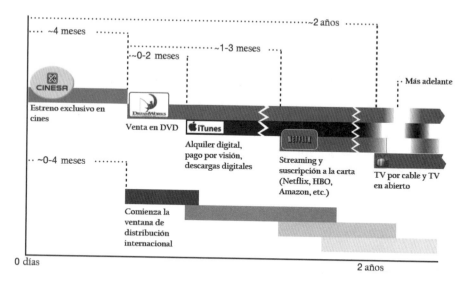

Sistema tradicional de ventanas de distribución en cine

En el caso de las series de televisión, el sistema de ventanas de distribución también existe, un poco más simplificado, aunque con el mismo problema: hay que esperar un tiempo que va entre los cuatro meses y los dos años si quieres ver en tu casa un estreno de una película o de una serie.

Aunque el sistema de ventanas de distribución logre adaptarse a los nuevos tiempos con períodos de espera menores, hay algo que quizá cambie las normas del juego. Tanto Netflix con sus 'Originals' como HBO con sus producciones propias, están apostando por un modelo en el que dejan fuera a las salas de cine. Cada empresa cuenta con sus propias productoras, sus propios tiempos y una base de usuarios que sigue creciendo.

No sería descabellado pensar que, en un futuro, los grandes estrenos que hoy tenemos que ver en cine, mañana puedan estar disponibles directamente en estos servicios de vídeo a la carta. Si un episodio de la sexta temporada de *Juego de Tronos* ya costaba unos diez millones de dólares en producirse (y hay ejemplos aún más caros en televisión), es un signo bastante representativo de que quizá, y solo quizá, los conocidos como *blockbusters* acaben pasando directamente a nuestra casa a través del *streaming*. ¿Qué papel le quedaría entonces a las salas de cine y a las ventanas de distribución?

Ejemplos

Distribución audiovisual por cable

- ❏ Movistar +
- ❏ Vodafone TV
- ❏ Orange TV
- ❏ SKY Centroamérica
- ❏ DirecTV
- ❏ Cablevisión
- ❏ Claro TV
- ❏ AMC Networks
- ❏ BeIN Sports
- ❏ Cartoon Network
- ❏ Cinemax
- ❏ CNN
- ❏ Comedy Central
- ❏ Discovery Channel
- ❏ Disney Channel
- ❏ HBO
- ❏ History
- ❏ National Geographic
- ❏ Nickelodeon
- ❏ Paramount Network
- ❏ PBS
- ❏ Qubo
- ❏ Showtime
- ❏ Sundance TV
- ❏ Syfy
- ❏ TBS
- ❏ Turner Classic Movies

Medios de distribución en *streaming*

- ❏ YouTube
- ❏ Vimeo
- ❏ Dailymotion
- ❏ Facebook Live Stream
- ❏ Youku
- ❏ Joost
- ❏ Flickr
- ❏ Google Videos
- ❏ LiveLeak
- ❏ Metacafe
- ❏ Ustream
- ❏ Veoh
- ❏ Viewster

Nuevos medios de distribución en *streaming* **de pago**

- ❏ Netflix
- ❏ Amazon Prime Video
- ❏ Hulu
- ❏ YouTube Premium (YouTube Red)
- ❏ Now TV
- ❏ Mubi
- ❏ Rakuten TV
- ❏ Sony Crackle
- ❏ U-Next
- ❏ Watch TV

2

NUEVAS EXPERIENCIAS NARRATIVAS

La narración interactiva

Con el desarrollo de los lenguajes informáticos, los medios audiovisuales vieron cómo las capacidades para integrar nuevas posibilidades narrativas se incrementaban a medida que se le ofrecía al espectador –en este caso convertido en un usuario– la opción de decidir entre uno u otro camino dentro de la trama que se desarrollaba en la pantalla. Merece la pena apuntar la notable influencia que tuvo en la evolución del lenguaje interactivo el ingeniero y científico estadounidense Vannevar Bush, el cual crearía el Memex, un aparato que consistía en una base de datos de alta velocidad que permitía acceder de forma aleatoria a toda clase de documentos tales como libros, registros y comunicaciones. En una de las superficies el usuario escribía palabras o dibujos clave que seguían una serie de estándares universales y en la otra superficie se reflejaba una biblioteca o base de datos donde se encontraban los datos a buscar. La forma de trabajar sería parecida a la que realiza el pensamiento humano utilizando la principal capacidad de asociación y no por medio de la ubicación mecánica de temas en un índice. De esta forma el lector podía añadir comentarios y notas en la película del Memex.

Memex de Vannevar Bush

Por tanto, el Memex es un dispositivo en el que se almacenan todo tipo de medios y comunicaciones, y que puede ser mecanizado de forma a ser consultado con gran velocidad y flexibilidad. Vannevar Bush quería que el Memex emulara la forma en que el cerebro vincula datos por asociación y no por paradigmas de almacenamiento tradicionales. Después de pensar en el potencial de la memoria aumentada durante años, Bush escribió el texto *Como podríamos pensar*, el cual llegaría a ser tan influyente que inspiraría a Douglas Engelbart en la invención del ratón, o a Ted Nelson para acuñar los términos «Hipertexto» o «Hipermedia».

Por supuesto, hoy damos por sentada la presencia, capacidades y servicios que nos brinda Internet, sin embargo, el camino que tomaron los medios para llegar hasta las actuales posibilidades de interacción fueron arduos y a menudo penosos, con resultados y productos que hoy nos parecen irrisorios. Sin embargo, cada granito de arena que los creadores dieron en esta dirección desde la década de los cincuenta significó un impulso crucial para llegar a la actual revolución de medios, cuyo destino parece cada vez más difuso a la par que extraordinario y fascinante.

El caso del Memex en particular es interesante, ya que sienta las bases de uno de los efectos más importantes en la relación del usuario con el entorno interactivo: el de la ilusión del libre albedrío. Por supuesto, a día de hoy no existe aún ningún dispositivo que le permita al espectador moverse con una absoluta libertad dentro de un entorno narrativo. Aún así, se busca la manera de «engañar» al público para que este llegue a creer que así es, generando, de esta manera, una sorpresa y emoción inigualables por la sensación de tener infinitas posibilidades en el transcurso de la acción. En este sentido, el mejor mecanismo narrativo para asegurar un semblante de infinidad son los juegos de rol. Estos se popularizaron a finales de los años sesenta en los Estados Unidos y consisten básicamente en un diálogo entre varios jugadores y un maestro de juego –el *role master*– el cual, usando una serie de parámetros –reglas, mapas o dados– relata una historia interactiva en la que los protagonistas-jugadores pueden tomar prácticamente cualquier decisión con respecto a la trama que ellos mismos están protagonizando. De alguna forma el juego de rol moderno perpetúa la tradición de narrar cuentos tradicionales (o modernos) a los niños pequeños, adaptando la trama a sus deseos puntuales, o incluso variarlas para satisfacer sus deseos e ilusiones.

Partida de un juego de rol

El hecho de que sea una persona la que toma la iniciativa de definir el relato de la aventura hace, por supuesto, muy compleja y sofisticada la trama y el desarrollo de la misma, siendo imposible que un sistema informático o hipertextual pueda tener –hoy en día– el mismo nivel de libertad y creatividad en cuanto a narración y entornos se refiere. Obviamente, y al igual que en cualquier entorno creativo, existen buenos

y malos narradores –en este caso los *role masters*– los cuales sabrán
distinguirse por su imaginación, elocuencia, carisma y flexibilidad. Y es
muy interesante observar que actualmente estas mismas facetas son las
que tienden a ser perseguidas por los ingenieros de inteligencia artificial, los cuales tratan invariablemente de dotar a las máquinas con las
mismas aptitudes que el cerebro humano –algo que se antoja aún bastante lejano– para conseguir romper finalmente la frontera que separa
lo humano de lo mecánico.

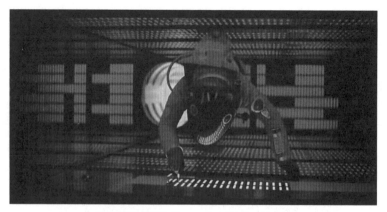

Hal 9000. *2001 Una odisea del espacio*

Los juegos de rol se popularizaron enormemente en los entornos
universitarios estadounidenses en la década de los setenta, llegando al
mercado masivo del entretenimiento en los años ochenta –como atesti-
gua una de las secuencias iniciales de *E.T El extraterrestre,* en donde los
chicos juegan a una partida de *Dungeons & Dragons*– y convirtiéndose
en uno de los pasatiempos favoritos de toda una generación de rol-
adictos. Obviamente, este entorno de juego habría de encontrar su continuidad o evolución natural dentro del campo del videojuego, pero no
antes de metamorfosearse en toda una suerte de formatos que trataban,
con mayor o menor fortuna, de apropiarse del efecto ilusorio del libre
albedrío dentro de un sistema narrativo. Este sería el caso de la serie de
libros de *Choose Your Own Adventure (Elige tu propia aventura).*

Elige tu propia aventura (CYOA)

En 1975 Ian Livingstone y Steve Jackson fundaron la empresa Games Workshop, la cual habría de convertirse con el paso de los años en una multinacional con beneficios millonarios con la explotación de juegos de rol, *wargames,* libros, accesorios, figuritas y toda clase de *merchandising* relacionado con el universo de fantasía medieval *Dungeons & Dragons,* que ellos mismos crearon inspirados, entre otros, por *El Señor de los Anillos* de JRR Tolkien, *La Ilíada* y *La Odisea* de Homero, así como la mitología nórdica o el ciclo artúrico –y muy particularmente *Le Morte d'Arthur* de sir Thomas Mallory– y que llegaría a ser el entorno de juego de rol más popular de todos los tiempos, estableciendo un nuevo paradigma de la narrativa y el entretenimiento, y generando franquicias de las tiendas de Games Workshop por doquier. Así como copias y sucedáneos de sus productos hasta la saciedad.

Con el tiempo, Ian Livingstone se convertiría en caballero de la Orden del Imperio Británico y colaboraría con el gobierno de su país en la tarea de devolver a los niños y jóvenes al hábito de la lectura –y eso mucho antes que JK Rowling y su *Harry Potter* lo lograran también– gracias a su serie de libros *Choose Your Own Adventure,* a veces abreviado como CYOA. Hay que puntualizar que el nombre *Choose Your Own Adventure* y los primeros libros denominados como tales fueron en realidad creados por dos norteamericanos, Edward Packard y R.A. Montgomery, quienes en 1976 lanzaron una serie de libros con el título de *The Adventures of You,* y de los que llegarían a vender más de 250 millones de copias, convirtiéndose así en una de las empresas editoriales más exitosas del siglo XX. El mecanismo del libro es simple: este desarrollaba la acción a la segunda persona dirigiéndose directamente al lector –como si este fuera el protagonista de la misma– y llegados a ciertos puntos de la misma en forma de bifurcaciones, ofrecía dos o más opciones al mismo pudiéndose elegir entre las mismas el número de página que indicaba la opción. Los libros de la colección se presentaban bajo el lema: ¡Tú eres el protagonista de la aventura! Elige entre 40 posibles finales.

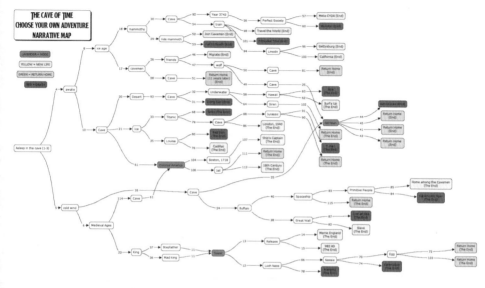

Esquema The Cave of Time CYOA

En efecto, el método para realizar este tipo de libros se basa en una estructura narrativa en forma de árbol, en la cual el autor escribe todas las secuencias de la acción, para posteriormente organizarlas entre las distintas ramas que el lector-protagonista podrá tomar. Por ejemplo, en el caso que el lector decidiera tomar el primer camino –por ejemplo, un camino A– y posteriormente al llegar a otra bifurcación, tomar asimismo otras opciones, la estructura en forma de árbol del libro interactivo le llevaría invariablemente a un final exitoso o un estrepitoso fracaso. Este sistema permite una sensación realista de impredecibilidad y conduce a la posibilidad de lecturas repetidas, que es una de las características distintivas de los libros.

Eso, por supuesto, obliga al escritor a redactar todas las posibles opciones permitiendo que lector protagonista pueda llegar a un final exitoso o a un fracaso y eso obviamente utilizando la sensación de libre albedrío, en la cual, aunque el usuario sabe que está siendo engañado porque no puede existir un mundo más allá del que contienen las páginas del libro, la sensación de poder dirigir su propio destino es enormemente poderosa.

En su excepcional *El guion del siglo xxi,* Daniel Tubau nos ilustra ampliamente en el diseño de narraciones e historias interactivas, muchas de ellas basadas en estructuras narrativas como las de «Elige tu propia aventura». Uno de los ejemplos más bellos es sin duda *El jardín de senderos que se bifurcan,* un cuento escrito en 1941 por Jorge Luis Borges y cuya premisa se resume de la siguiente forma: «Antes de exhumar esta carta, yo me había preguntado de qué manera un libro puede ser infinito. No conjeturé otro procedimiento que el de un volumen cíclico, circular. Un volumen cuya última página fuera idéntica a la primera, con posibilidad de continuar indefinidamente...».

Tubau nos presenta asimismo el enlace de las mismas con las narraciones hipertextuales –aquellas que utilizan el lenguaje y la tecnología propia del hipertexto con capacidad de enlace, fundamento de Internet– utilizando un interesante ejemplo: un cuento hipertextual.

Spor de Sven Ole Madsen

«En la imagen podemos ver el esquema de un cuento hipertextual *Spor* (1982), de Sven Ole Madsen. Es una estructura sencilla, aunque pueda parecer lo contrario a simple vista, porque, aunque cada lexía se conecta con una o varias lexías, y aunque también varias lexías pueden dirigirse a una misma lexía, sin embargo, no hay ninguna lexía bidireccional.»

«La combinatoria de posibilidades empieza a hacerse demasiado compleja, así que solo añadiré aquí otra distinción importante que hace Landow: los enlaces pueden ser de una lexía a varias, pero también de varias a una.»

Daniel Tubau. *El guion del siglo XXI.*

A su vez, Ian Livingstone y Steve Jackson, que ya habían logrado un impresionante éxito con el lanzamiento de *Dungeons & Dragons,* vieron la posibilidad de adaptar las novelas de «Elige tu propia aventura» –destinadas principalmente a un público mayoritariamente infantil– para un perfil de lector adolescente y joven adulto, con lo cual conseguirían un nuevo récord de ventas, y establecerían un verdadero paradigma en la narrativa interactiva, la cual habría de mostrarse crucial para la evolución del lenguaje del videojuego en la década de los noventa.

En efecto, las llamadas aventuras gráficas se convertirían en uno de los formatos más populares del entretenimiento digital de esos años. Desde *Myst* hasta *Monkey Island,* pasando por *Alone in the Dark* o *Hollywood Monsters* –por citar algunos de los títulos legendarios– el videojuego basado en la narración interactiva, muy inspirada en los relatos de *Choose Your Own Adventure,* se convirtió en un favorito del público y, por supuesto, de las grandes empresas de creación de juegos, tales como LucasArts, Infogrames o UbiSoft. El relato volvía a colocar al protagonista en el centro de la acción, dependiendo de las opciones que este tomara, y provocando ante todo una verdadera de sensación de libre albedrío en cuanto a la capacidad de moverse por mundos imaginarios interminables. Ya por aquel entonces podía entreverse un inicio de narración cinematográfica basada principalmente en guiones con estructura de árbol no lineales. Los protagonistas de esas aventuras gráficas buscaban siempre establecer un código de empatía con el usuario, el cual se transformaba, merced al control que establecía sobre el propio programa informático, en el centro de la acción.

Con el tiempo, la inmensa mayoría de videojuegos confluyen en ese mismo tipo de narración. Cuando aún las aventuras gráficas podían distinguirse claramente de otro tipo de juegos basados sobre todo en el arcade o el juego de habilidad, aún se podía hablar, de alguna forma, de géneros dentro del entretenimiento interactivo. Sin embargo, con el paso del tiempo un porcentaje cada vez mayor de videojuegos se ha ido escribiendo a una tendencia basada en la narración interactiva, y eso manteniendo su naturaleza de juegos de acción, de supervivencia o de exploración. La aventura gráfica ha logrado impregnar de forma permanente a toda una legión de títulos que generan beneficios millonarios. Y eso se basa fundamentalmente en la enorme capacidad que tienen estos sistemas para atraer a un usuario-protagonista hacia una narración dentro de la cual este se siente parte integral de la misma. De nuevo el esquema de los libros de «Elige tu propia aventura» se repite: aunque los finales son limitados y están preprogramados de antemano, el usuario tiene la sensación de que de las decisiones que tome depende el éxito final o el fracaso dentro de la aventura o la búsqueda.

En ese sentido uno de los mejores ejemplos que nos brinda el videojuego interactivo es el Arcade *Dragon's Lair*. Este videojuego, inicialmente basado en una máquina para salones recreativos, utilizaba un sistema totalmente nuevo de juego basado en secuencias de animación pregrabadas que eran disparadas en función de las acciones que el usuario hacía con el *joystick* o los botones de la máquina.

Dragon's Lair

En la aventura el usuario manejaba a un caballero cuyo objetivo, en el sentido más clásico del término, era rescatar a una princesa de las garras de un malévolo rey de rasgos reptiles. Para ello se habían creado un sinfín de secuencias animadas, en la más pura tradición de la animación tradicional –cuyo realizador fue Don Bluth, un antiguo empleado de Disney que llegaría a ser uno de los directores de películas animadas más cotizados de Hollywood– que seguían escrupulosamente la estructura narrativa de los libros de «Elige tu propia aventura». Así, cuando el protagonista llegaba a una sala o un espacio concreto, se le presentaban al usuario una serie de opciones. Este debía tomar la mejor opción, la cual le llevaría a un éxito, es decir, a proseguir con la aventura, o a un fracaso que en casi todos los casos representaba la muerte del protagonista, y el regreso inevitable al momento anterior de la escena, al inicio de la aventura. El potencial del proyecto consistía en ofrecer unos gráficos que superaban con creces el nivel visual de la mayoría de videojuegos de la época, ya que estos habían sido generados no como un conjunto de píxeles que el usuario movía en función de sus decisiones sino en secuencias animadas que competían directamente con las mejores producciones científicas. Todas estas, obviamente, habían sido previamente producidas y almacenadas dentro de la memoria del videojuego para ser disparadas a medida que el usuario elegía una u otra opción. *Dragon's Lair* se convirtió en un enorme éxito en las salas de videojuego, hoy de nuevo recuperadas merced a la moda ochentera que nos invade, y llegó a generar hasta dos secuelas, así como un *spin off* titulado *Space Ace*.

Esa sensación de tener una libertad infinita para decidir el transcurso del relato es enormemente poderosa. Y vale la pena mencionar que en los últimos años la industria del videojuego ha superado por primera vez, en cuanto a beneficios se refiere, a la industria del cine. El siglo XXI será sin duda el siglo del entretenimiento digital, y los videojuegos están llamados a convertirse en las nuevas obras de arte de nuestra era. Y si el cine ha sabido inspirar, de forma retroactiva, a la literatura y el lenguaje digital, este ha sabido hacerse un lugar en el seno mismo de la tradición narrativa. Solo hay que ver el gran número de películas que hoy están inspiradas por personajes de videojuegos o de cómic. La industria cinematográfica bebe abiertamente de todas estas nuevas referencias, y trata de mantener vivos los nuevos arquetipos que han surgido de la confluencia del cine y los nuevos medios digitales.

El cine participativo

Si con anterioridad hablábamos del videojuego *Dragon's Lair*, basado en unas secuencias pregrabadas que el usuario disparaba en función a elegir una u otra opción a través de la interface de la máquina de arcade, es interesante remarcar que el cine interactivo ha tenido cierta tradición, aunque minoritaria, dentro de la evolución de los lenguajes audiovisuales. Hoy, sin embargo, con el auge de la realidad virtual y de los dispositivos interactivos, este formato se está reivindicando como un producto con un enorme potencial económico.

Uno de los mejores ejemplos de cine participativo es el Secret Cinema, que se especializa en experiencias de «cine en vivo», combinando proyecciones de películas con representaciones interactivas en escenarios construidos a propósito. Fue fundada en 2007 por Fabien Riggall, como una subsidiaria de Future Shorts Ltd.

Secret Cinema

Secret Cinema crea cuatro tipos de producciones llamadas 'Secret Worlds'. Estas incluyen:

1. Secret Cinema presenta: eventos a gran escala que muestran películas populares en un lugar no revelado.
2. Secret Cinema Tell No One: proyectando el cine de autor en el pasado y en el presente. El título y la ubicación de la película no se han revelado antes de cada evento.
3. Secret Cinema-X Presents: producciones íntimas de menor escala de Secret Cinema Presents o Secret Cinema Tell No One.

Más recientemente, a medida que las proyecciones crecieron en tamaño y popularidad, la compañía decidió advertir a los espectadores de la película para evitar decepciones. Su proyección más reciente de *Dirty Dancing* atrajo a miles de fanáticos, y aún está sujeto a debate si la nueva configuración es bienvenida. Secret Cinema agotó y vendió una producción de *Moulin Rouge* de Baz Luhrmann desde febrero hasta abril de 2017. Más de 70.000 personas asistieron, lo que le permitió a la película volver al top 10 de la taquilla del Reino Unido durante 11 semanas.

Uno de los proyectos más interesantes de cine participativo es *A Swarm of Angels*. Se trata de un proyecto cinematográfico de código abierto y una comunidad cinematográfica participativa, cuyo objetivo es hacer la primera película del mundo financiada por Internet, tripulada y distribuida. El proyecto de colaboración apunta a atraer 50.000 suscriptores individuales (el «Enjambre de ángeles»), cada uno contribuyendo con £ 25 a la producción. Este largometraje y el proyecto de medios original asociado adoptan la noción de Creative Commons de licencias de derechos de autor flexibles, para permitir que las personas descarguen, compartan y remezclen libremente los medios originales creados para el proyecto.

A Swarm of Angels es una creación del productor y autor de cine Matt Hanson, fundador del festival de cine digital onedotzero. Ha etiquetado el proceso Cinema 2.0. Sería la primera vez que un proyecto de esta escala se financie, produzca y distribuya de esta manera.

A Swarm of Angels

A Swarm of Angels está reclutando una comunidad con un tope de 50.000 personas. Los miembros pueden opinar sobre el desarrollo del guion. Se están desarrollando dos *scripts*, uno de los cuales será elegido por los miembros de ASOA para su producción. Los guiones se estaban desarrollando a través del foro del proyecto y se titularon, *The Unfold* y *The Ravages* (anteriormente conocido como Glitch). Según el sitio web oficial, es probable que los dos primeros *A Swarm of Angels* estén basados en películas de suspense con elementos de ciencia ficción.

Aún con estas premisas el proyecto ha quedado únicamente como un precursor dentro de la idea de desarrollar un proyecto de cine participativo. Durante los tres años que el sitio web estuvo en línea, alrededor de 1000 personas se registraron como ángeles. El objetivo de 50.000 es poco probable que se alcance. Las actualizaciones del proyecto han continuado a través de las actualizaciones de micro-blog. El foro de las Nueve órdenes parece no tener continuidad y desde entonces ha sido secuestrado por promotores de *malware*.

Cine y Multimedia

La llegada del CD interactivo o CD-ROM supuso un avance dentro de lo que vendría ser una evolución coherente de los medios digitales. Lo que diferencia al CD-ROM de los anteriores soportes interactivos era su capacidad de almacenaje, que superaba con creces la que habían

CD-ROM

representado discos flexibles u otros formatos de almacenaje de información digital. El CD-ROM se dirigió inicialmente, de forma natural, hacia los territorios de la información, es decir, las variantes de enciclopedias, registros, mapamundi, directorios y otros compendios que acumulaban u organizaban los contenidos de forma interactiva, para que el usuario pudiera consultarlos a su antojo.

Esencialmente, el CD-ROM no distaba mucho conceptualmente del sistema Memex de Vannevar Bush. Se podría decir incluso que aquel invento teórico sentaría las bases de lo que el soporte digital llegaría hacer. Aunque enormemente popular en su momento, el CD-ROM –que llegaría a ser el medio de almacenaje digital más usado en el mundo– se vería limitado por la llegada y el auge de Internet, puesto que su capacidad era limitada frente a un sistema que iba a incrementar de forma extraordinaria la cantidad de información accesible por el usuario. El CD-ROM y su versión hermana para vídeo, el DVD, estaban destinados a una asombrosa aventura de triunfo y caída en el breve lapso de tiempo de apenas un par de décadas. Hoy en día, por ejemplo, el DVD es ya considerado como un formato con los días contados, tanto se han popularizado los medios de transmisión de datos *online*. Los videoclubs que otrora vivían del negocio de vender y alquilar cintas de vídeo, ya sea en el formato VHS y posteriormente en DVD, han empezado a decaer de forma inexorable. El público de hoy ve mucho más simple consumir medios a través de Internet que consultar datos sobre soportes físicos. Una industria multimillonaria como ha sido la representada por el mercado del CD-ROM y el DVD está viviendo sus últimas horas, y eso implica entre otros factores, la desaparición de todo un lenguaje muy inspirado en el concepto de los lenguajes interactivos que nacieron en los años setenta a través de los libros de «Elige tu propia aventura» y los programas informáticos basados en los mismos que reproducían aventuras gráficas.

Es interesante apuntar cómo la evolución de una de las empresas más populares de nuestros días, Netflix, nació como un videoclub *online*. Como pionero en la creación de catálogos de películas *online*, Netflix estuvo siempre pendiente de las revoluciones tecnológicas, y no dudó ni un momento en pasarse al DVD en cuanto se fijó que el formato analógico tenía los días contados. Durante años la plataforma se dedicó a seguir alquilando DVDs, y posteriormente los formatos de alta definición del mismo, principalmente el Blu-Ray, hasta que se dio cuenta de que la industria de los medios estaba transformándose para evolucionar potencialmente hacia la distribución *online*.

Si bien la llegada de los primeros formatos de vídeo *online*, o de *streaming*, fue lenta y penosa –las primeras versiones tenían muy poca resolución y una calidad más que cuestionable–, esta supuso una verdadera revolución en lo que a la distribución audiovisual se refiere. Al igual que lo que sucedió con la industria discográfica al confrontarse esta con el formato mp3, el cual habría de transformar de forma permanente lo que había sido la difusión de música durante más de 50 años, el audiovisual se vería confrontado a un sistema que potencialmente podría ofrecer el contenido sin ninguna limitación física. Esto supondría un verdadero tsunami dentro de lo que era la industria cinematográfica y su explotación. En efecto, los derechos de explotación del DVD se basaban principalmente en una explotación de tipo geográfico, es decir, que los DVDs se repartían y vendían por zonas –Europa, América, Asia, etc.–, permitiendo, de esta manera, que las empresas de distintos países tuvieran una exclusividad en el mercado en que operaban. Los DVDs se codificaban de tal forma que no podían ser reproducidos por máquinas que estuvieran registradas en un país distinto del que era registrado la obra audiovisual. Y en el momento del nacimiento del vídeo en *streaming* y de su crecimiento exponencial, estas mismas fueron las que en lugar de trabajar en el sentido que marcaba la evolución de las nuevas tecnologías, trataron por todos los medios de influir política e industrialmente en una defensa de sus propios privilegios. Ese sistema se vería afectado por el crecimiento masivo de Internet y de algunas de sus plataformas más notables como, por ejemplo, Google o YouTube, y eso trabajaría en contra de los propios intereses de la distribución cinematográfica tradicional.

Netflix, en cambio, como nuevo llegado en la escena de la industria audiovisual, vería rápidamente que el negocio del alquiler de DVDs no iba a durar mucho más y, por lo tanto, decidieron apuntarse a la tecnología que habría de cambiar completamente las reglas del juego, el cine *online*. Transformando de forma paulatina su catálogo de cintas en soportes físicos hacia una de soportes digitales, Netflix se convertiría en el principal distribuidor de entretenimiento digital del planeta. Mientras las distribuidoras tradicionales iban cayendo, afectando, de esta manera, entre otras cosas, al modo tradicional de financiar las películas, el nuevo actor representaba una forma totalmente nueva de acceder y pagar por el contenido audiovisual. De la misma manera que plataformas como Spotify cambiaron la forma como escuchamos la música, Netflix había de transformar la manera en la que consumimos cine. A día de hoy esta plataforma es una de las más populares a nivel internacional en la difusión y explotación de productos audiovisuales, y no solamente eso, sino que se ha convertido también en una productora potencial que permite a los creadores desarrollar proyectos en un entorno de producción totalmente nuevo y diferente de los que existían hasta ahora.

En el libro *Producción de cine digital* hablamos largamente de la influencia de Netflix sobre la industria audiovisual. En ese momento, aunque ya mencionamos la notable transformación que representaba el nuevo ente en la capacidad de producir, difundir y explotar películas, todavía no éramos capaces de determinar hasta qué punto iba a impactar su actividad sobre la totalidad del sistema audiovisual mundial. En efecto, en el festival de cine de Cannes de 2018 no hay ninguna película producida por Netflix a concurso, y eso se debe a la nueva legislación francesa, que prohíbe que una película que no se vaya a estrenar en salas pueda competir en el certamen más importante del cine mundial. Esta situación no hace sino dirigir nuestra atención hacia el hecho de que el cine y la manera que tenemos de consumirlo está cambiando radicalmente y en muy poco tiempo. Si en 2017 aún hubo alguna película de Netflix en el festival, en menos de un año este había logrado que el gobierno de Francia cambiara su propia legislación para impedir que este caso volviera a repetirse. Esto solo puede explicarse de una forma y

es que la industria audiovisual convencional se ve
amenazada de muerte
por el auge de Internet y
de los nuevos protagonis-
tas que la encarnan. Pero
no podemos olvidar que
algunos de los cineastas
de mayor renombre están

Sede de Netflix

hoy realizando películas financiadas al 100 × 100 por la plataforma. Es
el caso de Martin Scorsese el cual, aunque no puede presentar su última
película en Cannes, ha dado a entender que el futuro del cine pasa
inexorablemente por los nuevos sistemas de *streaming*. Tal como Francis Ford Coppola determinó que el futuro del cine se encontraría en las
manos de una joven directora, que armada únicamente de una pequeña
cámara digital podría llegar a convertirse en la nueva Picasso del cine,
con el actual conflicto que enfrenta a la distribución y exhibición tradicional con entes como Netflix, que abogan principalmente por una distribución exclusivamente a través del medio *online*, podemos apreciar
que el medio cinematográfico vive una de sus transformaciones más
radicales de las últimas décadas.

En efecto, el extraordinario incremento en el número de pantallas
disponibles que tenemos a día de hoy, altera de forma considerable lo
que podemos aceptar como obra audiovisual. El acceso, virtualmente
inmediato, a cualquier tipo de contenido digital –incluido el cine– nos
indica hasta qué punto debemos readaptar nuestro modo de explotar y,
por lo tanto, financiar nuestra industria audiovisual. En el momento en
que la distribución basada en una repartición geográfica del mercado
fracasa, ya que la piratería es capaz de saltarse esta regla fácilmente, e
incluso de regenerarse con una velocidad inusitada, frente a la lentitud
de nuestros sistemas legales, es crucial buscar y encontrar soluciones a
un problema que no únicamente pone en peligro a miles y miles de
empleos, sino que además cuestiona el modelo cultural que ha venido
existiendo en las últimas décadas.

Y en el momento en que los productos audiovisuales son consumi-
dos de forma no lineal, esto es, sin seguir el ritual de acudir a una sala
a cambio de disponer de ellos en todo momento con nuestro teléfono

móvil, es cuando surge de forma natural una red de popularización de los formatos interactivos. Si en los últimos años hemos vivido el auge de las series televisivas, situando al medio televisivo casi por encima de la industria cinematográfica tradicional, podemos preguntarnos qué es lo que ha motivado este éxito masivo. Atraer la atención del público en un momento en que este puede acceder de forma inmediata a todo el contenido, y no solamente eso, sino cambiar de interés en un lapso de tiempo muy breve, obliga a los creadores de productos audiovisuales a buscar estrategias para enganchar a sus espectadores. La recuperación del serial, el cual ya en el inicio del cine fue un formato popular con películas que en realidad se presentaban de semana en semana como unos capítulos de una saga muy larga, ha vuelto hoy a ser uno de los factores que atrae a la mayoría de espectadores, dada su capacidad por mantener en vilo el interés del público en función de la trama secuencial que nos ofrecen esas películas.

Es notable observar que los nuevos actores de la producción audiovisual tales como Netflix, HBO, Showtime o incluso nuevos llegados como Amazon Studios o Apple Studios, han alterado de forma brutal la estructura de producción y financiación que existía hace apenas una década. Si esas plataformas digitales, que en su momento eran medios más tradicionales basados en la explotación televisiva tradicional –eso, es decir, que funcionaba sobre una parrilla televisiva definida en el tiempo–, hoy en día las capacidades del medio digital hacen que una misma serie pueda ser estrenada de forma simultánea, sin necesidad de expandirla en el tiempo. En ese sentido, Netflix se ha convertido en un pionero en la no difusión temporal de sus obras. Por muy sorprendente que parezca, a día de hoy Netflix estrena la totalidad de una temporada de algún tipo de serie televisiva en el mismo instante. Eso quiere decir que el espectador es capaz de acceder a todos los capítulos de la serie de forma simultánea, sin tener que esperar que pasen las semanas para disfrutar de ellos. Los espectadores de hoy son capaces de ver cuatro, cinco o incluso seis capítulos seguidos de su serie favorita, y eso en un espacio breve de tiempo, pudiendo consumir obras de más de 12 horas en el escaso periodo de tiempo de un solo fin de semana.

Preguntado en la revista *Cahiers du Cinéma* sobre si su magnífica serie *Twin Peaks* –la tercera temporada– había sido concebida como un serial o como un largometraje de 18 horas de duración, David Lynch contestó afirmativamente a la segunda opción. Probablemente Lynch ha hecho historia –al menos historia televisiva– con la realización de esta extraordinaria obra que supera con creces todo lo que habíamos visto hasta ahora en televisión. Pero lo cierto es que fenómenos como *Twin Peaks* nos indican hasta qué punto la transformación de la obra audiovisual y de su consumo por parte de un público que ya no necesita de los tradicionales canales de recepción de las películas, es inexorable y reinará de forma duradera durante el siglo que nos encontramos.

La digitalización del medio audiovisual, por otro lado, nos está indicando que los formatos viejos y nuevos confluyen dentro de un entorno que se encuentra en plena evolución. Es difícil actualmente determinar qué es lo que funcionará en el plazo de cinco o diez años, pero lo que sí podemos tener claro es que el material audiovisual se ha separado de su forma corpórea –el celuloide, la cinta VHS, el DVD…– para entrar en la era de la información digital, de los bits, los ceros y unos, fenómeno que determina que ya no puede ser manejado como un objeto, sino que se ha convertido en un intangible como una materia que trasciende los límites formales que lo aprisionaron en algún momento.

Es esta misma evolución la que nos da a pensar en unos formatos que evolucionan respecto a sus orígenes. Y allí es, por lo tanto, donde encontramos de nuevo la necesidad de acudir a la narración interactiva no lineal, no solamente por las capacidades del medio digital –principalmente el lenguaje del hipertexto– sino por la necesidad creciente de atraer al espectador dentro de una narración que le implique en mayor medida. Si la nueva generación de series televisivas utiliza con virtuosismo las capacidades emocionales del medio, a la par que la maestría que supone un recurso como el *cliffhanger*, el recurso narrativo que consiste en colocar a uno de los personajes principales de la historia en una situación extrema al final de un capítulo o parte de la historia, genera con ello la tensión psicológica en el espectador que aumenta su deseo de avanzar en la misma. El término es una expresión inglesa que podría traducirse como «colgado del acantilado». Según el medio y tipo de historia, un *cliffhanger* puede ser simplemente una escena, una imagen, una acción dramática o solo una frase. Uno de los ejemplos más bellos de *cliffhanger* pueden encontrarse en los cómics de Tintín, cuya doble página invariablemente acaba con una viñeta que incluye una imagen sorprendente o ambigua, o incluso provocativa, que «obliga» al lector a pasar la página.

Doble página de Tintín en *El loto azul*

Es aquí en donde podemos apreciar una ventana que nos invita a recuperar y apreciar las infinitas posibilidades que nos ofrece el cine interactivo.

El cine interactivo

Es interesante analizar, llegados a este punto, la historia y evolución del primitivo lenguaje interactivo que nos brindó el cine experimental. El cine interactivo trata de dar a la audiencia un rol activo en el visionado de películas cinematográficas. Tal como hemos visto en las aventuras de «Elige tu propia aventura» este tiene que dar importancia a un rol activo del espectador para completar la historia. Los diversos avances técnicos que hemos mencionado han permitido una sensación de libre elección, pero, sin embargo, lo más importante es la identificación del espectador y su punto de vista respecto a la trama. La interactividad en el cine sigue siendo un concepto poco explorado, pero que ha regresado a la actualidad debido a la popularización de los medios digitales, y más particularmente de la realidad virtual, así como del auge inexorable que supone la plataforma YouTube, incluso en el desarrollo y distribución de entretenimiento en vídeo de 360°.

Cine virtual

La primera película considerada interactiva es *Kinoautomat* del director checoslovaco Radúz Cincera, presentada en la Exposición Universal de 1967 en la República Checa. Actualmente, el mismo concepto que desarrollaba este proyecto es mucho más fácil debido a las herramientas que nos ofrece YouTube y es, por lo tanto, interesante estudiarlo para darnos cuenta de que su estructura narrativa, su guion y desarrollo en forma de árbol, no se aleja en absoluto de la película interactiva que podemos crear mediante la plataforma de Google, la cual analizaremos en detalle un poco más adelante.

Existen, por supuesto, algunos precursores a la película interactiva de referencia que apuntamos. Uno de ellos es el Oz Project de Joseph Bates. El Oz Project daba la oportunidad al espectador de intervenir en la historia. Se trataba de un experimento donde decidió convocar a un público a una sala teatral y pidió un voluntario. La trama se centraba en unos chicos punks que estaban asaltando a un hombre ciego en una estación de autobús. El voluntario actuaba como un hombre que esperaba dicho autobús. Se le daba una pistola de juguete y se le decía que actuase como creía que debía hacerlo: ayudando al hombre, con o sin la pistola, o tomando el autobús. Este experimento fue la inspiración de algunos de los videojuegos violentos actuales. Todo se basaba en la identificación por parte de aquel que se encontraba inmerso en la situación: «¿Qué pasaría si a mí me pasara esto?»

El cine convencional siempre ha sido concebido como un proyecto con continuidad de tiempo, espacio y acción. Con la presencia de nuevos tipos de estructura más enfocados a otros ámbitos, aparece el concepto de romper esa linealidad que había sido tan deseada. Tal y como señala Gilles Deleuze en su filosofía, la mente humana se basa en un conjunto de interrelaciones. Aunque estas se crucen entre ellas, no tienes por qué tener una relación directa, simplemente forman parte del mismo imaginario. Nuestro pensamiento funciona por asociación de ideas.

❏ Siglo XX. Grandes avances técnicos y las vanguardias, que se encargarán de transgredir todos los arquetipos ya conocidos.

❏ Memex, de Vannevar Bush (años cuarenta). Cruce entre un ordenador y una biblioteca, almacenar y poder buscarlo luego de manera sencilla.

❏ Nuevos programas interactivos. La aparición de la MTV y muchos de sus *realities*, o nuevos programas interactivos como *Barrio Sésamo* o más tarde *Dora, la exploradora.*

❏ *Afternoon, a story*, Michael Joyce (años ochenta). Obra de narrativa hipertextual e interactiva.

❏ NetArt. Introducciones de nuevas prácticas interactivas relacionadas con el desarrollo de la Web 2.0.

❏ *Kinoautomat* fue la primera película interactiva del mundo, realizada por Radúz Cincera para el Czechoslovak Pavilion en la EXPO '67 de Montreal. A lo largo de la película encontramos nueve momentos en que la acción se para y da paso a un moderador que aparece en el escenario para dejar que la audiencia decida entre dos escenas. Siguiendo los votos de la audiencia, la escena seleccionada se reproduce. La película es una comedia negra, que se inicia con un *flash-forward* a una escena en la que el apartamento de Peter Novák

(Miroslay Horníček) está en llamas. Sin importar las opciones escogidas, el resultado final siempre será el edificio en llamas, haciendo de esta película –tal y como Činčera pretendía– una sátira de la democracia. Otras interpretaciones son que se trata de una sátira del determinismo, de la idea que los humanos controlan su destino, o simplemente un aval de la aceptación de la diversidad y complejidad de la vida. Esta última interpretación sería en consonancia con otros estados de la cultura de finales de los sesenta, que cuestionaron la estructura y la autoridad social. La versión presentada en Montreal fue traducida al inglés en Londres, y fue traducida a *One Man and His House*. La producción tuvo lugar en un cine hecho a medida, con botones instalados en cada uno de los 127 asientos, verdes y rojos. El actor principal (Miroslay Horníček) representaba el papel de moderador fonéticamente, ya que no hablaba inglés. Mientras la audiencia emitía su voto, el resultado de cada elección se proyectaba en el lateral de la pantalla, con un panel numerado que correspondía a cada asiento y que se iluminaba en verde o rojo dependiendo de la elección tomada. El elemento interactivo se consigue mediante la conmutación de una tapa de la lente entre dos proyectores sincronizados, cada uno con un corte diferente de la película. *Kinoautomat* dura 63 minutos y el idioma original es el checo.

Interactividad

El guion fue escrito de tal manera que las dos líneas argumentales convergen en cada punto de decisión, lo que significa que siempre había solo dos escenarios posibles, en lugar de duplicar el número después de cada punto de decisión. Décadas después de la proyección original, la película fue transmitida por la televisión checa, con los dos carretes divididos en canales TC1 y TC2, revelando el secreto de interactividad limitada. Radúz Cincera, que había rechazado inicialmente la proyección, cita más adelante insistiendo en que «se sintieron engañados. Yo estaba en lo cierto. Fue un completo desastre».

Las opciones dadas a la audiencia en los puntos de decisión a lo largo de la película incluyen:

❏ Si el Sr. Novak debe dejar a una mujer, encerrada fuera de su apartamento y vestida solo con una toalla justo antes de que su esposa llegue a casa.
❏ Si el Sr. Novak debe ignorar un policía que le intenta parar durante la conducción.
❏ Si el Sr. Novak debe entrar en un apartamento a pesar de que un inquilino le bloquee el camino.
❏ Si el Sr. Novak debe eliminar a un portero bloqueando su camino cuando trata de señalar un pequeño incendio.

Recepción

El proyecto fue bien recibido, con el escrito en *The New Yorker*: «El Kinoautomat en el pabellón de Checoslovaquia es un éxito garantizado de la Exposición Universal, y los checos deberían construir un monumento al hombre que concibió la idea, Radúz Cincera». Inicialmente, los estudios de Hollywood estaban dispuestos a licenciar la tecnología, pero bajo el gobierno comunista el concepto de Kinoautomat era propiedad del estado, y nunca llegaron a hacer la transición.

En 1971, poco después de un año de la exitosa proyección en Praga, la película fue prohibida por el gobernante partido comunista de Checoslovaquia. La hija de Cincera, Alena Cincera, sugirió que «todo este grupo de autores eran nombrados 'políticamente inseguros', no gustaban demasiado y pienso que esa era la razón principal de que la película fuera puesta a salvo, como muchas otras hermosas películas de los nombrados 'New Wave' (Nueva Ola), la edad de oro de la cinematografía checoslovaca».

Bandersnatch

La extraordinaria popularidad que vive actualmente todo aquello relacionado con la cultura de la década de los ochenta se manifiesta intensamente en la ficción audiovisual. Series de televisión como *Stranger*

Things –producida por Netflix– que aluden continuamente a elementos y estéticas propias de los años ochenta son buena muestra de ello.

Otra popular serie de ciencia-ficción producida por Netflix como es *Black Mirror*, presentó recientemente una película interactiva titulada *Bandersnatch*, la cual presenta en 2019 un sistema de tramas bifurcadas muy en el estilo de los libros de «Elige tu propia aventura». El espectador puede elegir el destino de los protagonistas mediante la toma de decisiones entre dos opciones que son presentadas en momentos concretos del capítulo. De esta forma la trama se desarrolla en función de la voluntad del público, y llevando a finales exitosos o, en la mayoría de los casos, frustrantes fracasos.

Si bien esta técnica no dista en absoluto de aquello que se puede producir hoy mediante YouTube o plataformas de audiovisual interactivo, y sigue, por supuesto, en la línea de las experiencias interactivas a las que nos referimos, es interesante apuntar que el estudio Netflix tiene varios proyectos en desarrollo siguiendo esta misma técnica de escritura, la cual además utiliza las propias capacidades del *streaming* que su plataforma ofrece, aún requiriendo de un notable esfuerzo técnico y de producción. Es notable apreciar que el público actual pueda de nuevo interesarse a dicho fenómeno, que hasta hace pocos años parecía más bien una reliquia del pasado. Es de esperar que las nuevas producciones de Netflix favorezcan el florecimiento de este determinado lenguaje, muy especialmente entre las generaciones más jóvenes, nativos digitales para los cuales la toma de decisiones dentro del entorno audiovisual es un requerimiento esencial.

Referencia a otros trabajos

En la novela *La cuarta pared*, la trama del autor Walter Jon Williams gira en torno a una película moderna de Hollywood con una visión similar a la elección entre tramas. En un momento dado, los principales personajes de Williams observan y discuten el *Kinoautomat*, alegando que la interactividad limitada fue pensada como comentario político en las elecciones manipuladas bajo el régimen comunista.

El auge de YouTube ha popularizado de nuevo las experiencias narrativas de «Elige tu propia aventura», pero esta vez en soporte de vídeo.

En efecto, la capacidad del medio para emular la narrativa utilizando el hiperenlace, es tan simple que cualquier usuario puede utilizar, de forma gratuita, las herramientas que YouTube pone a su alcance para la creación de relatos interactivos. Es muy importante destacar que de forma reciente la política de YouTube respecto a sus usuarios «profesionales», ya comunmente llamados YouTubers, ha supuesto un pequeño tsunami en lo que ha retribución se refería. Si hasta 2017 los ratios de visitas a los YouTubers se correspondían al número de clics y a unas retribuciones determinadas, desde mediados de 2018, esa operación ha visto reducirse de forma inexorable la cuantía de lo que la empresa de Google está dispuesta a pagar al creador de vídeos. Y eso se debe principalmente a dos motivos, por un lado, el incremento exponencial en el número de creadores de vídeo que ofrecen contenido a la plataforma y, por otro, al llamado efecto MTV –un modelo comercial, al igual que el famoso canal de televisión especializado en videoclips y temática musical– el cual tardó una década en generar un público nuevo y, por lo tanto, una demanda, basado en un nuevo producto que en gran medida se desarrolló a través del canal. Si en su momento MTV fue un canal de televisión por pago que se ofreció gratuitamente durante más de diez años, podemos observar que YouTube, a la par de tragarse más de un tercio de la totalidad de tráfico de Internet, se ha convertido no solamente en una de las principales fuentes de información inmediata, cubriendo los temas más diversos y los tutoriales más sorprendentes, sino que además ha conformado un nuevo entorno de trabajo y, por supuesto, un negocio sustancioso que en gran medida alimentan los YouTubers y los gestores de canal.

En su excelente libro *YouTuber,* Gabriel Jaraba desgrana con detalle el oficio del autor de vídeos para la plataforma de Google, así como los entresijos de su trabajo y las estrategias para lograr un mayor número de visionados. El mercado, aunque reciente, ha logrado postularse como uno de los más atractivos dentro del negocio digital, e incluso atraer a toda una generación de jóvenes que perciben la actividad que pueden desarrollar sobre la plataforma como una trayectoria sólida y viable, ya no únicamente para ganarse la vida, sino directamente para enriquecerse.

En los últimos meses, sin embargo, Google ha cambiado la política de ingresos basada en los clics, con lo cual se ha adscrito claramente a la estrategia de MTV, pasando a restringir fuertemente los ingresos que pueden percibir los usuarios individuales –es decir, no vinculados a un gestor de canal oficial– causando un enorme revuelo sobre los «profesionales» del vídeo digital. Es, por lo tanto, bastante plausible que en un futuro cercano la plataforma pase a ser de pago, o por lo menos que establezca algún tipo de rédito con el individuo que consulte contenidos. La llegada de YouTube prémium es inminente. El canal ha empezado a producir exitosas series que compiten directamente con servicios de vídeo en *streaming* como Netflix, Mubi o Filmin. Este es el caso de *Impulse* y de *Cobra Kai*, la muy celebrada secuela de la mítica película ochentera *Karate Kid*. YouTube busca forjarse un lugar privilegiado dentro de la industria del *streaming*, la cual parece avanzar cada día más inexorablemente hacia una dominación casi absoluta del entretenimiento audiovisual.

Películas, series de televisión, tutoriales consultados por profesionales y docentes, así como alumnos, conforman un mercado multimillonario que sigue en una expansión constante. No en vano se piensa que la plataforma podría llegar a ser crucial en el desarrollo del Internet de las cosas, o IoT (*Internet of Things*), un entorno en que los objetos cotidianos que nos rodean –la televisión, el coche, la propia casa o la nevera– estarán conectados a Internet y, por supuesto, equipados de una pantalla, la cual ofrecerá continuamente vídeos para informar sobre las funciones más diversas que puedan ofrecer al usuario/propietario.

Uno de los ejemplos más interesantes de objetos familiares que en un futuro se convertirán en objetos conectados a Internet es la nevera. *A priori* puede parecer sorprendente pensar que nuestro viejo y fiel refrigerador necesite desarrollar una nueva vida en el mundo digital. Sin embargo, ver una nevera conectada a Internet en acción resulta una experiencia por lo menos inesperada. Por lo pronto vemos que la nevera ha integrado una inmensa pantalla en su puerta frontal. Su funcionamiento es más o menos el siguiente: en la parte superior del electrodoméstico hay un lector de código de barras y cada producto que ponemos en su interior le da información al ordenador interno sobre la naturaleza del mismo, así como datos relativos a su fecha de caducidad. Hasta aquí todo parece bastante previsible, sin embargo, la nevera nos tiene reservadas algunas sorpresas. Por supuesto, y tratándose de un objeto conectado a Internet, todo el contenido de nuestra despensa viaja hasta un servidor el cual analiza el tipo y la calidad de los ingredientes que tenemos. Y gracias a un *software* especializado la nevera puede avisarnos a través de la pantalla sobre la próxima caducidad de alguno de

Una nevera equipada con una pantalla conectada a Internet

nuestros productos alimenticios y la conveniencia de guisarlos lo antes posible. Pero ya que la nevera está conectada, Internet no únicamente nos dará esta información sino que será capaz de proponernos una receta que combine esos productos que en breve ya no serán consumibles. La acción se desarrollaría de la forma siguiente: el avatar de nuestra nevera nos dice que tenemos huevos y, por ejemplo, atún a punto de caducar, y nos sugiere que hagamos una tortilla de atún. Si no tenemos ni idea de cómo guisar una tortilla de atún no hay ningún problema, la propia nevera se conectará a YouTube y nos presentará un tutorial, en el cual un simpático cocinero nos ilustrará paso a paso sobre cómo hacer la tortilla perfecta. Y eso además mediante un control que será vocal por lo que mientras guisamos nuestro delicioso plato no necesitaremos interactuar de ninguna forma con la pantalla de nuestro objeto conectado a Internet.

Este ejemplo nos muestra hasta qué punto el mundo del vídeo, y de forma más amplia el del vídeo interactivo, se va a desarrollar de forma extraordinaria en los próximos años. Las funciones, soluciones, ideas, tutoriales o cualquier otra acción de comunicación van a integrarse de forma masiva en cualquier aspecto de nuestra vida cotidiana. Y es aquí donde la estrategia de Google vuelve a sorprendernos por su lucidez, y para los más inquietos por su capacidad de monopolio sobre nuestra vida digital. Sin embargo, lo que a nosotros nos interesa es centrarnos en las capacidades interactivas que la plataforma YouTube nos ofrece para crear contenido audiovisual que pueda adaptarse a las necesidades de nuestra era. Y por lo que veremos a continuación esas capacidades son verdaderamente espectaculares.

YouTube interactivo

Tal como comentábamos anteriormente, la capacidad de YouTube para emular la navegación mediante hyperlink –o hiperenlace–, el lenguaje propio de Internet, pero adaptada al contenido del vídeo, nos ofrece unas posibilidades extraordinarias para narrar historias de forma lineal. En efecto, si ya hemos visto cómo los libros basados en las estructuras de «Elige tu propia aventura» generan en el lector una ilusión de libre albedrío, de poder realmente decidir cuáles iban a ser sus próximos movimientos, en el caso del vídeo este efecto se incrementa de forma espectacular debido a la riqueza del material audiovisual.

YouTube ofrece al usuario herramientas para enlazar unos vídeos con otros. Originalmente, esta funcionalidad estaba pensada para recomendar otros vídeos afines o similares al que acabábamos de visionar. Sin embargo, con el tiempo empezaron a relacionarse colecciones de vídeo para ser visitadas de forma no lineal. En ese sentido la plataforma de vídeo ofrece una capacidad para crear hiperenlaces o recomendaciones que dirijan al espectador hacia otro contenido y, por lo tanto, permite que esta colección de vídeo se asemeje de forma muy clara a una estructura similar a una consulta de Internet mediante hiperlinks o incluso a un libro de «Elige tu propia aventura».

En gran medida la navegación a través de colecciones de vídeos en YouTube se hace utilizando la función de anotaciones, las cuales permiten recomendar e incrustar en la imagen los destinos que el usuario puede tomar al finalizar algún vídeo. Estas anotaciones funcionan como un link o bien como una sugerencia que invita a visitar otros vídeos. Siendo utilizadas pueden convertirse en el primer paso de la creación de vídeos interactivos. La creación de anotaciones y de vídeos enlazados en YouTube es relativamente sencilla. Vamos a ver a continuación como generar vídeos interactivos, de forma totalmente gratuita, utilizando la herramienta de Google. Es muy importante puntualizar que desde 2017 YouTube ha limitado en gran medida la capacidad de insertar anotaciones, es decir, vídeos recomendados, dentro de su pantalla, y eso para evitar el uso abusivo que se hacía de ellos y que, por lo tanto, había provocado que los usuarios abandonaran o prescindieran de dichas informaciones. A día de hoy las tarjetas en los vídeos sustituyen de forma efectiva lo que anteriormente se realizaba mediante anotaciones.

Manual de producción de vídeos interactivos con YouTube

Añadir tarjetas a los vídeos

Las tarjetas son muy útiles para aportar interactividad a tus vídeos. Pueden dirigir a los espectadores a una URL específica (de la lista de sitios web aptos) y mostrar imágenes, títulos y llamadas a la acción personalizados, en función del tipo de tarjeta.

1. Puedes añadir un máximo de cinco tarjetas a cada vídeo.
2. Inicia sesión en tu cuenta en un ordenador y ve al Gestor de vídeos.[1]
3. Busca el vídeo al que quieras añadir las tarjetas y selecciona **Editar**.
4. En la barra de pestañas de la parte de arriba, selecciona **Tarjetas**.
5. Selecciona **Añadir tarjeta** y elige el tipo de tarjeta que quieras usar.

1

Tarjetas de canal

Con esta tarjeta puedes dirigir a tus espectadores a un canal en concreto. Puedes usarla para agradecer a un canal determinado su contribución al éxito de tu vídeo o simplemente para darlo a conocer.

Acceso a las funciones para creadores

Tu canal debe formar parte del Programa para *partners* de YouTube para poder acceder a ciertas funciones, como pantallas finales y tarjetas[1] que enlacen a sitios web asociados, campañas de *crowdfunding* o sitios de *merchandising*.

1

Una vez actualizados los requisitos del Programa para *partners* de YouTube (YPP) los canales que tenían acceso a estas funciónes podrán seguir utilizándolas, aunque dejen de formar parte del programa. Para obtener más información sobre los nuevos requisitos que se deben cumplir para utilizar enlaces externos, consulta las preguntas frecuentes sobre el Programa para *partners* de YouTube[1].

1

Tarjetas de sitio web asociado

Con estas tarjetas puedes dirigir al espectador a tu sitio web directamente desde el vídeo. Para usar esta tarjeta, tendrás que añadir un sitio web asociado[1] a tu cuenta.

1

Tarjetas de *crowdfunding*

Estas tarjetas dirigen a los espectadores directamente a tus proyectos creativos de una de estas URL de *crowdfunding* aprobadas.[1]

1

Tarjetas de *merchandising*

Con estas tarjetas puedes promocionar tus productos con licencia directamente en los vídeos. Comprueba que la URL está en la lista de URL de vendedores aprobados.[1]

1

Tarjetas de vídeo o de lista de reproducción

Estas tarjetas enlazan a otro vídeo o lista de reproducción públicos de YouTube que puedan interesar al espectador. Si incluyes directamente la URL de un vídeo o de una lista de reproducción, la tarjeta dirige al espectador a un momento específico de dicho vídeo o a un vídeo en concreto de la lista de reproducción.

- Selecciona la opción **Crear** que se encuentre junto al tipo de tarjeta que quieras añadir.
- Si no lo has hecho antes, con algunos enlaces tendrás que seleccionar **Habilitar** para aceptar los términos y condiciones.
- Introduce la URL a la que quieres dirigir a los espectadores desde la tarjeta.
- Sube una imagen o selecciona una de las sugerencias del sitio web, según proceda. El formato de las imágenes debe ser .jpg, .gif o .png, y no deben ocupar más de 5 MB. Además, se recortarán con forma de cuadrado.
- Si es necesario, cambia el título, la llamada a la acción y cualquier otro texto (hasta un máximo de 30 caracteres). Puedes ajustar el momento de inicio del *teaser* de la tarjeta en la línea de tiempo que aparece debajo del vídeo.
- Selecciona **Crear tarjeta**.

Si quieres modificar tus tarjetas más adelante, basta con ir a la pestaña **Tarjetas** y seleccionar el icono de edición ✏ situado junto a la tarjeta correspondiente.

Comprobar el rendimiento de las tarjetas

Si quieres consultar el rendimiento de las tarjetas, puedes hacerlo en el informe Tarjetas de YouTube Analytics.[1]

1

Cómo interactúan los espectadores con las tarjetas

Las tarjetas se han diseñado para complementar los vídeos y mejorar la experiencia de los espectadores con información relevante según el contexto. A medida que el sistema evoluciona, hemos planeado optimizarlo para que solo aparezcan los *teasers* y las tarjetas más relevantes en función de su rendimiento, del comportamiento del espectador y del dispositivo que esté utilizando.

Cómo acceden los espectadores a las tarjetas

Cuando un usuario esté viendo tu vídeo, verá un *teaser* durante el tiempo que hayas especificado.

Si no se muestra el *teaser*, los espectadores pueden colocar el cursor sobre el reproductor (si están usando un ordenador) o tocar el lugar donde estén ubicados los controles del reproductor (si están utilizando un dispositivo móvil) para ver el icono de tarjeta.

Si hacen clic en el *teaser* o en el icono, podrán ver todas las tarjetas del vídeo.

Cómo aparecen las tarjetas en los vídeos

En la versión de escritorio, las tarjetas aparecen en la parte derecha del vídeo, mientras que en la versión móvil están debajo del vídeo. Si un vídeo tiene varias tarjetas, los espectadores pueden desplazarse por ellas mientras se reproduce el vídeo.

Cómo pueden cambiar el contenido las tarjetas

Si tu vídeo tiene una reclamación de Content ID y el propietario del contenido ha configurado una campaña[1], no se mostrará ninguna tarjeta que haya configurado el creador. Obtén más información sobre Content ID[2].

En los vídeos con tarjetas no se mostrarán llamadas a la acción en superposición[3].

1

2

3

Informe de tarjetas

Puedes obtener información sobre la interacción de los espectadores con las tarjetas de tus vídeos en el informe de tarjetas.

Consultar tu informe de tarjetas

- Inicia sesión en tu cuenta de YouTube.
- En la esquina superior derecha, selecciona tu cuenta > **Creator Studio**.
- En el menú de la izquierda, haz clic en **Analytics > Tarjetas**.

Métricas del informe de tarjetas

Datos totales de la tarjeta

- *Teasers* de tarjetas mostrados: número de veces que aparecen *teasers* de tarjetas. Pueden tener varias impresiones por reproducción.
- Clics en *teasers* de tarjetas: número de clics en un *teaser* de tarjeta. Los clics en el icono de la tarjeta se distribuyen al último *teaser* mostrado.
- Clics por *teaser* de tarjeta mostrado: porcentaje de clics en *teasers* de tarjetas, es decir, la proporción de clics en los *teasers* sobre las impresiones de *teaser*.
- Tarjetas mostradas: número de veces que se muestra una tarjeta. Se registra una impresión de tarjeta por cada tarjeta de un vídeo si el panel de tarjetas está abierto, pero solo se registran las impresiones la primera vez que se abre el panel. Por ello, una sola tarjeta puede tener más de una impresión por reproducción.
- Clics de tarjetas: número de clics en una tarjeta específica.
- Clics por tarjeta mostrada: porcentaje de clics de las tarjetas, es decir, la proporción de clics en las tarjetas sobre las impresiones de tarjeta.
- Según el tipo de contenido, se pueden ordenar los datos de las tarjetas por canal, elemento, vídeo, tipo de tarjeta, tarjeta individual, área geográfica o fecha.

Datos de tarjetas individuales

Puedes colocar el cursor sobre las tarjetas individuales para ver información más detallada de la tarjeta:

- Título de tarjeta: nombre de la tarjeta.
- Tipo de tarjeta: los tipos de tarjeta disponibles son *merchandising*, recaudación de fondos, sitio web asociado, vídeo o lista de reproducción, además de la financiación por fans, en los países que cumplan los requisitos. Más información sobre los tipos de tarjetas que puedes añadir a tus vídeos[1]

1

- **Hora de inicio:** momento en el que aparece el *teaser* en el vídeo.
- **Llamada a la acción:** texto que pide al usuario que visite el enlace especificado.
- **Texto de *teaser*:** función opcional para tarjetas de *merchandising*, recaudación de fondos y sitio web asociado. Si no se ha especificado, es el texto de llamada a la acción.
- **Vídeo que contiene la tarjeta:** selecciona el título del vídeo en la tabla para visitar su página de visualización.
- **Datos de la tarjeta de encuesta:** si tienes una tarjeta de encuesta en un vídeo, puedes ver la distribución de los votos colocando el cursor sobre el icono de gráfico.
- **Datos de las tarjetas de donación:** si uno de tus vídeos tiene una tarjeta de donación, puedes ver el importe recaudado colocando el cursor sobre el icono.

Consejo: Para realizar cambios en una tarjeta, haz clic en el icono de flecha junto a la tarjeta para ir al editor de tarjetas.

Enlazar los vídeos con sitios web asociados

La opción de editar y añadir anotaciones no está disponible desde mayo de 2017. Sin embargo, las anotaciones hechas hasta esa fecha no desaparecerán de los vídeos. Aprende a utilizar otras herramientas para mantener el interés de los espectadores[1].

1

Puedes utilizar las tarjetas[1] para enlazar tus vídeos de YouTube con tus sitios web, siempre que el sitio en cuestión esté asociado a tu canal de YouTube y formes parte del Programa para *partners* de YouTube[2].

1

2

Paso 1: Únete al Programa para *partners* de YouTube

Para enlazar tus vídeos con tus sitios web, debes formar parte del Programa para *partners* de YouTube.

1

Nota: Si tienes un canal que participa en el programa para organizaciones sin ánimo de lucro de YouTube, no es necesario que forme parte del Programa para *partners* de YouTube[1].

Paso 2: Asocia el sitio web a tu cuenta de Google

Para enlazar vídeos con tu sitio web, primero tienes que añadir el sitio a tu cuenta de Google como «sitio web asociado». Si ya está asociado, puedes ir directamente al paso 3.

- Ve a la Configuración avanzada del canal[1]. Para ello, haz clic en el icono de tu cuenta > **Creator Studio** > **Canal** > **Opciones avanzadas**.

1

- En la sección «Sitio web asociado», introduce la URL. Aparecerá como «pendiente», a menos que ya hayas verificado el sitio antes.
- En el cuadro de la URL, haz clic en **Verificar** si eres el propietario del sitio web, o bien en **Solicitar aprobación** para que el propietario lo apruebe.
- Se abrirá Google Search Console[1]. Inicia sesión con la misma cuenta de Google que utilizas en tu canal de YouTube. Si no tienes claro cuál es la que debes usar, consulta los detalles de tu cuenta en YouTube[2].

1

2

- Sigue las instrucciones para añadir un sitio web a Search Console[1]. Te pedirán que elijas un método de verificación[2].

1

2

Después de que añadas el sitio web a Search Console, será sometido a un proceso de verificación. Cuando este haya finalizado, el estado del sitio web cambiará de «pendiente» a «verificado» en la configuración avanzada del canal[1]. Después, sigue las instrucciones que aparecen a continuación para añadir una tarjeta que lleve a los espectadores a cualquier página de dicho sitio web.

1

Paso 3: Añade a los vídeos una tarjeta que dirija a tu sitio web

Tras asociar el sitio web a tu cuenta, puedes añadir una tarjeta para enlazar tus vídeos con tu sitio web.

- Ve al Gestor de vídeos[1]. Para ello, haz clic en el icono de tu cuenta > **Creator Studio** > **Gestor de Vídeos**.

1

- Haz clic en **Editar > Tarjetas** junto al vídeo que quieras cambiar.
- Haz clic en **Añadir tarjeta**.
- Junto a «Enlace», haz clic en **Crear**. Si es la primera vez que usas enlaces externos, acepta los términos y condiciones.
- En la sección «Sitio web asociado», selecciona la URL de tu sitio web del menú desplegable **Seleccionar sitio web**.
- Si no has asociado ningún sitio web a tu canal o quieres añadir uno nuevo, haz clic en **Añadir un sitio web asociado** o en **Configuración** y sigue las instrucciones para asociar un sitio web[1].

1

- Haz clic en **Siguiente**.
- Añade el título de la tarjeta, la llamada a la acción y el texto del *teaser*. También puedes subir una imagen.
- Haz clic en **Crear tarjeta**.

Consejo: No tienes por qué enlazar la página principal de tu sitio web. Si quieres informar a tu audiencia sobre algo concreto, enlaza una subpágina.

Sitios web de *merchandising* y *crowdfunding* y estantería de *merchandising*

Puedes dirigir a los espectadores de tus vídeos a tu sitio web de *merchandising* o de *crowdfunding*, siempre que figuren en la lista de sitios admitidos y que formes parte del Programa para *partners* de YouTube. También puedes utilizar pantallas finales (aparecen en los últimos 520 segundos de tus vídeos) para promocionar tu sitio web verificado y asociado con tu canal[1] y campañas de *merchandising* y *crowdfunding* de sitios web aprobados. Descubre cómo añadir pantallas finales[2]. Las URL de los sitios web aprobados que escribas en los editores deben tener el formato adecuado. De lo contrario, no funcionarán. A continuación te dejamos algunos enlaces de ejemplo para que te hagas una idea del formato que deben tener.

1

2

Sitios web de *merchandising* aprobados

Puedes utilizar enlaces a tu escaparate o producto en sitios web de *merchandising* aprobados para que los espectadores compren tus artículos. Obtén más información sobre cómo añadir tarjetas[1] a tus vídeos.

1

Añadir pantallas finales a los vídeos

Incluye pantallas finales[1] increíbles en tus vídeos para aumentar tu audiencia. Se reproducen perfectamente tanto en dispositivos móviles como ordenadores. Se colocan al final de los vídeos para:

- Dirigir a los espectadores a otros vídeos, listas de reproducción o canales de YouTube.
- Invitar a los espectadores a que se suscriban al canal.
- Promocionar tu sitio web, *merchandising* y campañas de *crowdfunding*.

1

Las pantallas finales aparecen en los últimos 5-20 segundos del vídeo. Si quieres añadir una a uno de tus vídeos, debe durar 25 segundos como mínimo.

Puedes añadir hasta cuatro elementos para promocionar tu contenido, tu canal y tus sitios web. Si quieres ampliar un elemento para que muestre más información, tócalo (si usas un dispositivo móvil) o coloca el cursor sobre él (si usas un ordenador).

Requisitos de las pantallas finales para los espectadores[1]

1

Compatible

- YouTube.com en ordenadores
- Dispositivos para TV con HTML5 (por ejemplo, las smart TV o Android TV)

Aunque los espectadores tengan las anotaciones inhabilitadas, verán las pantallas finales que incluyas en tus vídeos.

No compatible

- YouTube Music, YouTube Kids
- Flash
- Vídeos en 360°

Utilizar las pantallas finales

Añadir una pantalla final

Nota: Para que la experiencia de usuario no se vea afectada negativamente, solo puedes utilizar pantallas finales en vídeos que no incluyan anotaciones estándar. Si lo intentas, se te pedirá que anules la publicación de las anotaciones antes de añadir las pantallas finales. Si al final decides no utilizar una pantalla final, siempre puedes volver a publicarlas.

- Inicia sesión en YouTube.
- En la parte superior derecha, haz clic en el icono de tu cuenta > **Creator Studio**.
- En el menú de la izquierda, haz clic en **Gestor de Vídeos > Vídeos.**

- Haz clic en **Editar** en el vídeo al que quieras añadir la pantalla final.
- En la barra de pestañas superior, haz clic en **Pantalla final.**
- Si el vídeo que has seleccionado incluye anotaciones, sigue las instrucciones para anular su publicación. Podrás volver a publicarlas en cualquier momento.
- Se mostrará tu vídeo con una cuadrícula predefinida y una línea de tiempo en la parte inferior que indica el tiempo disponible para la pantalla final. Haz clic en **Añadir elemento.** Puedes añadir hasta cuatro elementos y es necesario que al menos uno de ellos sea un vídeo o una lista de reproducción.
- Configura el diseño de tu pantalla final:

  - **Añadir elemento:** puedes añadir hasta cuatro elementos en cada vídeo. Es necesario que al menos un elemento sea un vídeo o una lista de reproducción. Selecciónalos e introduce la información necesaria. Después, haz clic en **Crear elemento.**
  - **Copiar elementos de un vídeo:** puedes copiar la pantalla final de alguno de tus vídeos y editar los elementos.
  - **Plantilla para YouTube:** puedes elegir alguno de los formatos predefinidos, con distintas combinaciones de elementos. Tendrás que definir el contenido de cada elemento de la pantalla final, como el canal que quieres destacar.

- Ajusta la posición y el tamaño de cada elemento en la cuadrícula. Utiliza la línea de tiempo de la parte inferior para establecer la duración de cada elemento.
- Haz clic en **Guardar.**

Selecciona **Vista previa** en la parte superior izquierda del reproductor para obtener una vista previa de los elementos. Podrás volver a editar la pantalla final y sus elementos en cualquier momento.

Contenido de la pantalla final

Los elementos son fragmentos de contenido que puedes incluir en las pantallas finales de tus vídeos. Puedes ampliarlos y obtener más información si los tocas o colocas el cursor sobre ellos. Puedes añadir hasta cuatro elementos a las pantallas finales de los vídeos que tengan una proporción de 16:9.

Tipos de contenido que pueden incluir los elementos

Vídeos o listas de reproducción: puedes mostrar tu vídeo más reciente, permitir que YouTube seleccione el vídeo de tu canal que mejor se adapte al espectador o elegir cualquier vídeo o lista de reproducción de tu canal, ya sea contenido público u oculto.

- **Suscripciones:** buscan aumentar el número de suscriptores de tu canal.
- **Sitios web aprobados:** puedes incluir enlaces a tu sitio web asociado o a sitios web de *merchandising* o *crowdfunding* aprobados[1]. La imagen del sitio web aparecerá de forma predeterminada en la pantalla final, pero puedes añadir un título y seleccionar una llamada a la acción.
- **Canales:** promociona otros canales con un mensaje personalizado.

1

Prácticas recomendadas para crear pantallas finales

- Incluye elementos que sean relevantes para el vídeo.
- Utiliza las llamadas a la acción en varios elementos de pantalla final para conseguir que los espectadores hagan clic.
- Si usas una imagen personalizada, te recomendamos que optes por una que tenga una anchura de 300 x 300 píxeles como mínimo.
- Deja tiempo y espacio suficientes al final del vídeo. Cuando lo edites, reserva los últimos 20 segundos para incluir una pantalla final.

- Intenta que cada elemento tenga una duración determinada para que no aparezcan todos a la vez.

Consultar las métricas de las pantallas finales

Puedes ver el rendimiento de tus pantallas finales en el informe Retención de la audiencia[1] o en el informe Pantallas finales[2] de YouTube Analytics.

1

2

- Inicia sesión en YouTube.
- En la parte superior derecha, haz clic en el icono de tu cuenta > **Creator Studio**.
- En el menú de la izquierda, selecciona **YouTube Analytics > Pantallas finales.**

Nota: Las pantallas finales proporcionan una experiencia increíble para tus espectadores al final de cada vídeo. A medida que el sistema evolucione, se optimizará la experiencia en función de su rendimiento, del comportamiento del espectador, del dispositivo que esté utilizando y del contexto. Puede haber ocasiones en las que la pantalla final que has diseñado no aparezca. Por ejemplo, no aparecerá si se trata de una reproducción de fondo y, en el caso de las pantallas pequeñas, cambiaremos su posición. Por ello, lo mejor es que no señales a ningún lado ni añadas contenido de vital importancia a la parte del vídeo donde aparecerá la pantalla final.

Mientras se muestra la pantalla final, se suprimen otros elementos interactivos, como los *teasers* de tarjeta[1], el contenido destacado y las marcas de agua con *branding*[2].

1

2

Informe de pantallas finales

Puedes informarte sobre cómo interactúan los espectadores con las pantallas finales de tus vídeos en el informe de pantallas finales. Obtén más información sobre cómo añadir pantallas finales en tus vídeos[1].

1

Ver el informe de pantallas finales

- Inicia sesión en YouTube.
- En la parte superior derecha, haz clic en el icono de tu cuenta > **Creator Studio**.
- En el menú de la izquierda, selecciona **YouTube Analytics > Informe de pantallas finales.**

Métricas del informe de pantallas finales

Datos sobre las pantallas finales

En el informe, selecciona los elementos de pantalla final o los tipos de elementos de pantalla final para ver las siguientes métricas:

- **Número de clics en elementos de pantalla final:** número de veces que se ha hecho clic en un elemento de pantalla final.
- **Número de clics por cada elemento de pantalla final:** frecuencia con la que los espectadores han hecho clic en un elemento de pantalla final.
- **Elementos de pantalla final:** número de veces que se ha mostrado un elemento de pantalla final.

Según el tipo de contenido, se pueden ordenar los datos de la pantalla final por canal, elemento, vídeo, elemento de pantalla final, tipo de elemento de pantalla final, área geográfica, estado de suscripción o fecha.

Datos de cada elemento

Puedes colocar el cursor sobre un elemento de pantalla final para ver información más detallada sobre este, como por ejemplo:

- **Título del elemento:** título del contenido incluido en el elemento (vídeo, lista de reproducción, canal o página web).
- **Tipo de elemento:** entre los tipos de elementos disponibles, se incluyen los de vídeo, lista de reproducción, canal, suscripción, sitio web asociado, *merchandising, crowdfunding*, «Último vídeo subido», y «Mejor opción para el espectador».
- **Intervalo de tiempo:** tiempo que aparecerá el elemento en la pantalla final.
- **Llamada a la acción:** se muestra en elementos que incluyen un enlace a sitios web asociados, de *merchandising* o *crowdfunding*.
- **Mensaje personalizado:** se muestra en elementos que incluyen un enlace a otro canal.
- **Vídeo que contiene el elemento:** selecciona uno de los vídeos de la tabla para ir a la página de visualización del vídeo en el que aparece la pantalla final.

Consejo: Si quieres realizar cambios en una pantalla final, haz clic en el icono de flecha junto al elemento para ir al editor de pantallas finales.

3

LAS NARRATIVAS TRANSMEDIA

El transmedia storytelling

El concepto del transmedia es verdaderamente brumoso desde sus orígenes. Aún ahora en que se ha popularizado de forma extraordinaria, cuesta enormemente definir su forma y su función, así como los límites dentro de los que se enmarca. Simplificando al máximo podríamos presentarlo como un entorno en el que una narración central se desarrolla sobre múltiples soportes y medios, siendo cada uno de ellos una parte esencial y única de la historia global. Esto se refiere al hecho en que cada parte u «organismo» que conforman el relato transmedia presenta un contenido propio alrededor de la historia principal, siendo, por lo tanto, necesario explorar todas las líneas narrativas para revelar la historia global.

En este aspecto la narración transmedia se estructura alrededor de la red como núcleo principal que hilvana los distintos medios para que el espectador tenga que explorar el relato sobre múltiples soportes. En este sentido, hay que remarcar que el transmedia no consiste en una historia central que es reproducida sobre otros medios, como sería el caso de una película de la que se derivan libros, cómics o videojuegos, sino que cada uno de estos desvela un contenido absolutamente único que no puede ser conocido sobre otro de ellos. Cine, televisión, videojuegos, libros, cómics, acciones urbanas, campañas de *marketing*, blogs en Internet... Cualquier medio es bueno para desarrollar una narración transmedia, siempre que esta demande necesariamente una implicación activa del espectador, el cual se convierte en un actor o un explorador que, de nuevo y siguiendo el mismo procedimiento que en el vídeo interactivo, tiene que dejar de ser un público pasivo para establecer un sistema de acciones y decisiones que le permitirán adentrarse en lo más profundo de la historia. Esto, por supuesto, hace que otra vez más cada espectador viva una experiencia distinta de los otros, y si bien podemos aceptar que ante una película convencional dos espectadores vivirán igualmente dos experiencias únicas y personales, en el caso del transmedia serán directamente las acciones o los movimientos que serán radicalmente distintos entre dos personas, convirtiendo este lenguaje en un proceso a la vez riquísimo y extremadamente difícil de predecir por parte de sus autores.

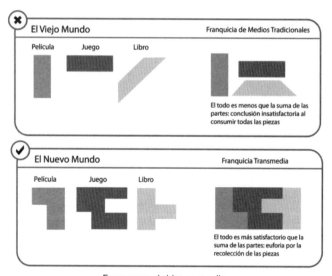

Esquema del transmedia

Producción transmedia

Según la Wikipedia:

La narrativa **transmedia**, narración **transmedia** o **narrativa transmediática** (en inglés *Transmedia storytelling*), es un tipo de relato donde la historia se desarrolla a través de diversos medios y plataformas de comunicación, y en el cual la audiencia asume un rol activo en el proceso de expansión. No se debe confundir con el *crossmedia*, las franquicias secuelas o adaptaciones.

Desde un punto de vista de producción se requiere que el contenido actúe como un gancho para el público utilizando estrategias que lo vinculen a su vida cotidiana. Para alcanzar esta fidelidad o *engagement* del usuario, la producción transmedia desarrolla historias a través de distintos formatos, los cuales proponen piezas únicas de contenido en cada canal individual. Es muy importante que estas piezas estén a la vez abiertas y sutilmente ligadas entre ellas, de forma que exista una sincronía narrativa entre todas ellas.

Para que el contenido del relato transmedia sea efectivo, el espectador debe recorrer las distintas plataformas, invirtiendo tiempo y dedicación para lograr una experiencia plena. En el libro *Convergence culture*, Henry Jenkins califica a la narración transmediática como una nueva estética que nació a raíz de la convergencia de los distintos medios, y la considera como el arte de crear mundos. Denomina además a esta convergencia como la relación de contenido a través de múltiples plataformas mediáticas y su intención de crear un recorrido para que la audiencia lo recorra a través de las distintas plataformas.

Aunque se pueden encontrar numerosas sugerencias, no existe un orden o camino concreto para descubrir el contenido de cada una de las ramas de la narrativa transmedia, y, sin embargo, mientras más se explore más se comprenderá el mundo que las componen. Cada uno de los medios relata una experiencia única y distinta de los demás.

Entre los años setenta y ochenta, artistas pioneros del arte telemático realizaron experiencias sobre la narración colectiva, utilizando los precursores del actual Internet y produciendo acciones y teorías críticas sobre lo que habría de convertirse en la base del transmedia. La normalización del uso de la red a partir de los años noventa permitió que numerosos creadores empezaran a explorar maneras de contar historias que entretuvieran al público utilizando nuevos formatos. Algunos ejemplos tempranos tomarían la forma de lo que luego se llamaría ARG (*alternate reality games*). Y que se desarrollaban en tiempo real y con un gran éxito de público. El término ARG nació en 2001 para describir *The Beast*, una campaña de *marketing* de una película de ciencia-ficción. Algunos de los primeros proyectos serían:

- *Dreadnot* – un ejemplo temprano del proyecto A.R.G. publicado por SFGate en 1996. Esta experiencia incluía buzones de voz activos con números de teléfono y direcciones e-mail de los personajes, websites específicos, pistas en el código fuente del programa y localizaciones reales en San Francisco.
- *Freaky Links* – falso website desarrollado para que pareciera una creación de fenómenos *amateurs* paranormales producido por Haxan, la productora de *The Blair Witch Project*.
- *El proyecto de la bruja de Blair* – película.
- *On-Line* – película interactiva.
- *The Beast* – juego de ARG creado por Microsoft para promocionar la película *A.I. Inteligencia Artificial*, y asimismo inspirado por la película *The Game*.
- *Majestic* – juego de ARG desarrollado por Electronic Arts.

Diversas franquicias han adoptado este sistema para llevar sus productos a un nuevo nivel. Pokémon es probablemente el mejor ejemplo en este sentido. La experiencia se expande a través de distintas plataformas desde los juegos de cartas a las series de televisión, incluyen películas, peluches, figuritas, *merchandising* y videojuegos. Todo ello arropa un universo narrativo del que el participante forma parte. Mediante la narración transmedia el público es capaz de adentrarse en la narración a múltiples niveles de profundidad.

En 1991 la profesora Marsha Kinder de la USC acuñó este término para una nueva forma de contar historias. Llamó a las franquicias que utilizaban este modelo «Super sistemas comerciales transmedia», afirmando que la intertextualidad transmediática trabajaba para posicionar a los consumidores como poderosos actores que rechazaban la manipulación comercial. En 2003, el académico del MIT Henry Jenkins utilizó el término en su artículo para la revista *Technology Review* «Transmedia Storytelling», en el que expuso que el uso coordinado de la narración a través de las plataformas podía hacer a los personajes más atractivos.

Con la creciente combinación de vídeo, soportes digitales, dispositivos móviles y la expansión de la web como plataforma de herramientas y servicios, surgen un sinfín de nuevos formatos que se encuentran en la encrucijada de estos soportes. Una convergencia de medios en el que las marcas se asocian a los usuarios en el diseño y arquitectura de nuevos medios y plataformas.

Un factor que debe considerarse en el desarrollo de esta nueva narrativa es la opción que tiene el público de participar en la producción misma de las historias. Asimismo, y gracias a que las nuevas aplicaciones digitales permiten al usuario convertirse a la vez en creador y consumidor, estas se centran cada vez más en sus deseos y necesidades particulares. El desarrollo de la denominada *narrativa transmedia* tiene como base la utilización de diversos medios para contar una historia. Esta es monotemática, expansiva y complementaria. Una de las herramientas esenciales que utiliza es Internet, y, en este sentido, la generación de contenidos digitales y audiovisuales se realiza por medio de una narración colectiva. Se intenta que el público se convierta a la vez en emisor y receptor de la información generada. Este nuevo paradigma de colectividad permite que la red evolucione como medio de comunicación global y proveedor de servicios de creación digital, así como el principal difusor de contenidos audiovisuales a escala mundial.

El término *prosumer* (productor-consumidor) propuesto por Jenkins, es perfectamente válido y adecuado para una generación de usuarios que exigen participar en la creación de los contenidos. De esta forma el espectador evoluciona desde el ente pasivo al que participa, interviene y modifica el contenido.

Tipos de universos narrativos

Mundo real

Este es el mundo en el que vivimos, y no posee elementos fantásticos o distorsionantes de la realidad cotidiana. Todo lo que se muestra es tal como lo experimenta una persona cualquiera. No se requiere alterar la estructura general del entorno, sino al contrario, cualquier diferencia rompería la ilusión de familiaridad. Es fundamental ser capaz de reproducir ese entorno con la mayor fidelidad posible, para no incurrir en distorsiones que puedan enrarecerlo o separarlo de la sensación de verosimilitud que el espectador requiere.

Es necesario también lograr una narración que integre a los espectadores, ya que el entorno es algo familiar para ellos. A diferencia de la ficción, este tipo de universo posee menos elementos para lograr la atención del público, ya que únicamente se basa en el relato para alcanzar esta meta.

Realidades alternativas

El replanteamiento de situaciones y contextos, así como los detalles del mundo en el que vivimos para alterar la historia general es la estrategia primordial de la realidad alternativa. El hecho de considerar el «qué hubiera pasado si…» respecto a todo lo relacionado con esta realidad para desarrollar el entorno con otros detalles, relatando instantes del pasado, presente o futuro.

Es posible tener en cuenta algunos hechos que hayan marcado las costumbres, tradiciones y factores generales en la sociedad para plantear los cambios. Un buen ejemplo narrativo de planteamiento de realidad alternativa es la primera novela de Philip K. Dick, *The Man In the High Castle*, que Netflix ha convertido con éxito en una serie de TV.

Ficción

Creación de un universo diegético que mantenga la coherencia en determinados parámetros y que incluya ciertos elementos que permitan brindar identidad al relato. Es necesario que el código estético y narrativo se mantenga y tenga sentido, que elementos como el paisaje, la forma de pensar y sentir, las características de personas y sociedad sean coherentes. Hay que cuestionar lo naturalizado para imaginar un mundo distinto que permita al espectador dejarse llevar y creer momentáneamente en esas nuevas reglas.

Se trata de una simulación de la realidad en la que se requiere abstraerse de las normas, costumbres y maneras de vivir conocidas para poder integrar este universo. Planteando el tiempo y el espacio con sus respectivas particularidades, los personajes y su vida cotidiana, creando siempre un contenido que permita al espectador sentir una atracción por todos ellos, e identificándose con la historia para sentir la curiosidad necesaria para proseguir su exploración a través de las plataformas.

En su libro *Fantastic Transmedia: Narrative, Play and Memory Across Science Fiction and Fantasy Storyworlds*, Colin Harvey presenta distintos casos de ficción en narrativas transmedia, y analiza obras como *Star Wars*, *X-men* o *El señor de los anillos* para comparar la ficción tradicional y la transmediática.

Los creadores de proyectos transmedia deben intuir cuáles son los deseos de la audiencia para obtener una implicación emocional y proporcionarles una experiencia interactiva inmersiva en la dirección del *affective transmedia*. La capacidad de interactuar con el medio aporta una atracción mayor a la audiencia, referenciando personajes o escenarios que sean identificados a través de la memoria.

Los siete principios de la narrativa transmedia

Henry Jenkins nos define los siete principios de esta narrativa.

La capacidad de propagación se refiere a la capacidad del público para participar activamente en la circulación del contenido de los medios a través de las redes y, en el proceso, ampliar su valor social, económico y cultural.

Henry Jenkins

Expansión vs. profundidad

La narrativa ha de ser capaz de fidelizar al espectador para que este explore el universo narrativo. Tal expansión no requiere un compromiso a largo plazo en el público, lo que sí ocurre en la otra parte de la experiencia, la profundidad. La profundidad se refiere a la capacidad de algunos espectadores para sumergirse en cada detalle del universo narrativo y comprender así mejor la historia, y tal vez incluso desarrollarla y expandirla con lo que detonan el fenómeno de la expansión.

Expansión y profundidad son conceptos relacionados entre sí. La expansión introduce a nuevos espectadores en el universo narrativo, y de estos algunos tenderán a profundizar más en la historia. La optimización en la difusión del mensaje ayuda a incrementar la participación de los espectadores. Son aquí muy importantes aquellos usuarios –llamados prosumidores– que consumen y a la vez producen.

Continuidad vs. multiplicidad

La narrativa transmedia no ofrece siempre una coherencia o una continuidad perfecta. Llegados a este caso podríamos hablar de *crossmedia*. Sin embargo, estos conceptos se relacionan debido a que las múltiples partes que componen la narrativa transmedia no tienen por qué ser experimentadas en su totalidad para entender el relato global, ya que estas poseen independencia entre ellas. Pero el hecho de que sean independientes no significa que no posean elementos en común. A pesar de esta independencia y de la multiplicidad de narrativas desarrolladas sobre distintos soportes y formatos, todas ellas pertenecen a un mismo universo.

Inmersión vs. extracción

En la inmersión, entonces, el consumidor ingresa en el mundo de la historia mientras que en la capacidad de extracción el aficionado toma los aspectos de la historia como recursos que se despliegan en los espacios de su vida cotidiana.

Henry Jenkins

Los conceptos de inmersión y extracción tratan de la relación del usuario con la narrativa transmedia, y de su repercusión en su cotidianidad. Se entiende inmersión como la capacidad de dejarse llevar e ingresar en un mundo nuevo, mientras que la extracción sería la capacidad para retirar diversos objetos, *props*, textos o conceptos de cara a ser aplicados en el mundo real.

Construcción de mundos

En Convergence Culture cité a un guionista sin nombre que habló sobre cómo las prioridades de Hollywood se habían modificado en el transcurso de su carrera: «cuando empecé, lanzabas una historia porque sin una buena historia, realmente no tenías una película. Más tarde, una vez que las secuelas comenzaron a despegar, lanzabas un personaje porque un buen personaje podía admitir múltiples historias, y ahora lanzas un mundo porque un mundo puede admitir a la vez múltiples personajes y múltiples historias en múltiples medios». Este enfoque de la construcción de universos narrativos tiene una larga tradición en la ciencia-ficción, donde escritores como Cordwainer Smith construían mundos interconectados que enlazaban historias distribuidas a través de las publicaciones.

Henry Jenkins

A la hora de comunicar historias, lo realmente interesante es saber construir un mundo con determinadas reglas y características que le permitan ser expandido en distintas plataformas, formatos y soportes. Este factor está íntimamente ligado con la inmersión y la extracción que brindan la narrativa transmedia, ya que, en función de cómo esté planteado este universo, permitirán la generación de una relación con el público. Es este universo el único que brinda nuevos elementos para las historias, y que, por lo tanto, permite su crecimiento y desarrollo a lo largo de todos los medios.

Serialidad

Podemos pensar en la narración transmedia con una versión hiperbólica de la serie, donde los fragmentos de información significativa y atractiva se han dispersado, no solo en múltiples segmentos dentro del mismo medio, sino a través de múltiples sistemas de medios.

Henry Jenkins

El concepto de serialidad cuestiona si es realmente necesario seguir un orden a la hora de querer introducirse en una narrativa. Sugiere plantear una propuesta general, permitir que el usuario lo siga a su manera, libremente de un orden cronológico.

Subjetividad

El elemento de subjetividad integra la posibilidad de brindar al público la capacidad de tomar distintos puntos de vista y asumir diversas percepciones de los personajes que puedan centrar o no la atención principal. Esto brinda la opción de crear historias para distintos personajes y sus perspectivas particulares, para así poder ampliar la narrativa a lo largo de distintas plataformas.

Realización

Este concepto está muy vinculado al rol que toma el usuario dentro de la narración, y de cómo se siente con respecto al universo. Dependiendo de su interés por la narrativa, el consumidor se implica en el universo y participa de él. Henry Jenkins divide a los espectadores activos y pasivos dentro de una creación transmedia.

Comenzando de los espectadores menos activos a los más participativos, los «cultural attractors» son usuarios que crean una comunidad para debatir y comentar la historia. Seguidamente, los «cultural activators» son los que se convierten en «prosumers», espectadores-productores. Estos sienten gran interés por el universo y contribuyen a crear conceptos, detalles y argumentos sobre este.

Narrativa transmedia y *marketing*

Generalmente, la narrativa transmedia suele ser utilizada como una estrategia de *marketing* que adoptan las marcas para expandir sus bases y alcanzar nuevas audiencias, clientes y usuarios. Se usa, por lo tanto, este tipo de narrativa para alcanzar una fidelidad de los clientes, usando un conjunto de historias y dispositivos que le vinculen de alguna manera a la marca. En el momento de elegir dónde y qué comprar, el público ya no se satisface únicamente con el producto. La ampliación del mercado y de la competencia hace que la necesidad de buscar otros factores a la hora de elegir sea esencial. Las estrategias transmedia, en este sentido, han resultado muy eficientes en los últimos años.

Las marcas buscan un *storytelling* que les permita promocionar su producto. Este es una narración que brinde coherencia y solidez a su imagen y la de sus productos, de forma que puedan entretener y fidelizar a sus clientes generando reconocimiento y proximidad. Bien desarrolladas, este tipo de narrativas pueden mantener al cliente interesado en seguir oyendo cosas sobre la marca.

En las redes sociales, donde los usuarios tienden a mostrarse más libres a la hora de manifestar sus preferencias y gustos sobre productos, ideas y conceptos, es donde también transmiten de forma eficaz la narrativa de la marca. Esto permite además a las empresas estar en contacto con sus clientes –actuales o potenciales– y determinar cuáles serán las mejores estrategias de cara a las ventas.

De cara a atraer más clientes es importante tomar ciertas decisiones antes de arrancar la narrativa. Es recomendable plantear los canales por los que esta se expandirá, ajustar el sentido y la coherencia de la historia, incentivar la participación del usuario en todos los medios, conectar la marca con la narrativa y analizar los resultados en función de su repercusión. Los canales de comunicación se extienden cada día y, por lo tanto, las formas de comunicarse también. Es muy interesante aquí darse cuenta de la vigencia del concepto de Marshall McLuhan: «el medio es el mensaje». En las redes sociales puede darse el caso de que el contenido sea claramente mucho menos importante que la sensación que tiene el usuario de pertenecer a una comunidad virtual y, por lo tanto, hay que incentivar y mantener esta comunidad a base de mensajes para que no decaiga su atención.

La generación de contenido por parte de los usuarios se refiere al concepto de «cultura participativa». El concepto fue acuñado por Henry Jenkins y Mizuko Ito en su libro *Textual Poachers*, en el que se analizaba el comportamiento, las prácticas y los trabajos de los seguidores sobre una narrativa transmedia a través de la red. Planteaban también el valor educativo de esta práctica y cuestionaban –en una verdadera toma de posición libertaria-digital– la manipulación y capitalización de estas acciones por parte de las grandes empresas y corporaciones financieras.

En esta obra, Jenkins propone la idea de que la interactividad es una característica propia de la tecnología, mientras que la participación pertenece a las culturas. Centran su interés en el estudio de cómo los jóvenes adquieren técnicas colaborativas en las redes, desde la creación de blogs o *fanfictions* hasta la participación en narrativas participativas y acciones educativas y de difusión.

La narrativa transmedia en la cultura popular

Las narrativas transmediáticas expanden el mercado de las marcas a través de la generación de numerosos puntos de entrada para diversos segmentos de audiencia: películas, series de televisión, libros, cómics, webs, blogs, videojuegos, juegos ARG, eventos, producciones especiales y todo tipo de productos y artículos coleccionables.

El ejemplo *Matrix*

Uno de los ejemplos del que habla Henry Jenkins para explicar la narrativa transmedia es Matrix. Esta historia se construye a partir de diversos medios: cine, videojuegos, animación, cómic, etc. Si solo se ven las películas, el espectador conoce apenas un fragmento de la historia. La historia total que configura el universo Matrix solo puede ser descubierta si se explora la totalidad de los medios que la conforman.

Dirigida por los hermanos Wachowski, la película *The Matrix* fue estrenada en 1999, y tras su enorme éxito le siguieron dos secuelas. En 2003 se lanzó el videojuego *Enter the Matrix*. Posteriormente, apareció la serie *Animatrix* compuesta por nueve cortos de animación, y más tarde el fenómeno transmedia se completó con diversos cómics y juegos de rol.

La expansión de esta narrativa además se enriqueció con otros dos videojuegos: *MMORPG The Matrix Online* y *The Matrix: Path of Neo* en los que se revive diversas escenas de la película. Posteriormente, la historia se amplió a través de cómics ambientados en distintos momentos, tanto pasados como futuros, del tiempo en el que se desarrolla la acción principal.

Al igual que otras producciones transmediáticas es usual que cada medio tenga distintos autores, y que estos gocen de un amplio nivel de libertad dentro del desarrollo del universo, factor que muestra hasta qué punto la participación y cooperación del universo transmedia forma parte de un trabajo colectivo.

El ejemplo *Mad Men*

Otro ejemplo de narrativa transmediática es el caso de la serie dramática de televisión creada por Matthew Weiner, *Mad Men* (2007). Situando su acción en la década de los años sesenta, la exitosa serie contó también con medios como blogs o cuentas de twitter para desarrollar la ficción fuera de la pantalla televisiva.

La expansión media se realizó a través de plataformas *online* como Amazon o FNAC. La serie se editó asimismo en DVD y Blu-Ray y en el mercado discográfico se lanzaron diversos discos con su banda sonora.

Se editaron libros y diversos vídeos de animación especialmente pensados para YouTube, los cuales se relacionaban directamente con los vídeos realizados por los seguidores de la serie, generando así un universo expandido que enriquecía la narrativa principal.

Además, el periódico *The New York Times* lanzó una herramienta *online* pensada para ayudar a organizar la información dada por la serie respecto a los acontecimientos históricos sucedidos durante los años en los que se desarrolla la acción.

La web de la cadena AMC ofrece una extensa información sobre la serie y proporciona numerosos vídeos extras que no se incluyeron en la misma. Existen además juegos de ordenador que permiten personalizar tu propio avatar según las particularidades de los años sesenta y crear así personajes en la línea estética de la serie.

La expansión transmedia llegó hasta aplicaciones de teléfonos móviles que permitían, por ejemplo, la creación de cócteles.

Los distintos productos surgidos desde este universo, que genera tanta fascinación en su público, suelen retroalimentarse a medida que los fans se reenvían mediante los dispositivos móviles las distintas aplicaciones que van descubriendo.

El ejemplo *Star Wars*

La célebre película dirigida por George Lucas y estrenada en 1977 ha logrado no solo convertirse en una de las películas de ciencia-ficción más célebres de toda la historia del cine, sino también en una de las mayores expansiones de narrativas transmedia de la cultura contemporánea, siendo además pionera en este campo.

El universo de la guerra de las galaxias, compuesto actualmente por una docena de películas, se ha desarrollado además en televisión, cómics, novelas, videojuegos, juegos de mesa y de rol, y series de animación. Su autor supo definir desde el principio límites coherentes para que cualquier autor que desarrollara productos dentro de este universo tuviera una serie de reglas a seguir para no desvirtuar la historia general. Y esto se ha mantenido incluso después de que Lucas vendiera su productora a Disney.

Es, por lo tanto, un caso emblemático que sigue expandiéndose por distintos medios, siendo en la actualidad el cine y los videojuegos su lugar de preferencia. Se podría trazar una verdadera arqueología de la historia del videojuego únicamente explorando los programas surgidos del universo Star Wars desde los años ochenta hasta la actualidad.

Los millones de fans de la serie, que ya cubren diversas generaciones, han contribuido con sus blogs, redes sociales o vídeos en YouTube a redondear y pulir problemas narrativos que podían surgir de la primera trilogía, aportando ideas, datos, incluso mapas que se han ido integrando en las más recientes producciones, siendo hoy muy difícil determinar cuáles son los elementos que surgen de la mente de los guionistas y cuáles de los aficionados, convirtiendo este fenómeno en un auténtico paradigma de la creación transmedia.

El ejemplo Pokémon

El universo Pokémon nació inicialmente como un videojuego RPG, pero gracias a su popularidad se expandió a otros medios de entretenimiento como series de televisión, juegos de cartas, *merchandising* y accesorios, siendo uno de los mayores éxitos de Nintendo. En 2016 surgió el videojuego de realidad aumentada *Pokémon GO*, basado en la geolocalización del usuario y su capacidad para recolectar y desarrollar Pokémons ubicados dentro del espacio real.

El gran éxito de *Pokémon GO* silenció el hecho de que se había inspirado directamente en un precursor, *Ingress*, un videojuego para móviles basado en la geolocalización que se basaba en la historia de una invasión alienígena y de la toma de posesión de los usuarios, de uno u otro bando, en el control de portales energéticos que iban cubriendo la tierra. Ambos juegos se juegan a nivel mundial y los jugadores «mapean» involuntariamente la tierra, puesto que ubican puntos de control en todos los lugares del planeta. La acción de estos jugadores se enmarca dentro de la acción del *Human Computing*, y para este hacer podríamos decir que Google tiene a prácticamente 500 millones de trabajadores gratis que le hacen la faena de cartografiar nuestro planeta. No en vano el jefe desarrollador de *Pokémon GO* e *Ingress* también lo fue de *Google Earth* y *Google Maps*.

El ejemplo Harry Potter

El mago más famoso –después de Merlín y Gandalf claro– es también un enorme caso de éxito en cuanto a *merchandising* y mundos transmediáticos se refiere. Creado por J. K. Rowling el universo de Harry Potter se desarrolla entre el mundo común, el de los *muggles*, y el mundo mágico que es invisible para estos.

El multiverso de Harry Potter incluye siete libros, ocho películas, videojuegos, cómics, juegos de mesa y de rol, un sinfín de aplicaciones y productos de *merchandising*, e incluso un parque de atracciones en el que se pueden visitar los escenarios de la historia. Existen numerosos blogs y sitios webs en los que los usuarios generan contenido y descubren según su personalidad e intereses cómo formar parte de este mundo. Al igual que en el caso de Star Wars, la fascinación que el mundo de Harry Potter ejerce en sus fans sigue creciendo día a día y se enriquece mediante sus aportaciones, comentarios y diálogos entre sí, que publican no solo en forma de textos, sino también de vídeos y animaciones, así como encuentros en el mundo real disfrazándose de sus personajes favoritos –un fenómeno denominado *cosplay* derivado de *costume play*– lo cual contribuye a vivir y difundir los personajes y sus entornos. La fuerza de este empuje se manifiesta cada día en nuevos productos, libros y películas que derivan del multiverso.

Transmedia en la actualidad

Desde 2011 la mayoría de productoras incluye las técnicas de narración transmedia en busca de una nueva forma de contar historias y expandirlas en el medio digital y los nuevos canales de comunicación. Las más recientes tecnologías han permitido que algunos proyectos incluyan experiencias para jugadores más allá de la experiencia multijugador en tiempo real de las ARG. Estos son algunos ejemplos notables de narrativa transmedia:

- *Educación Mediática* – Narrativa transmedia.
- *Conspiracy 365* – experiencia multiplataforma transmedia para la televisión.
- *Slide* – experiencia transmedia para la televisión.
- *Dirty Work* – webserie interactiva de Fourth Wall Studios.
- *Skins* – producción transmedia de Channel 4.
- *Cathy's Book* – Novela transmedia de Sean Stewart.
- *Regenesis* – serie de TV canadiense y producción transmedia.
- *The Lizzie Bennett Diaries* – webserie y proyecto transmedia en redes sociales.
- *Pandemic* – proyecto transmedia del pionero del medio Lance Weiler.

- *Collapsus* – otro proyecto de Lance Weiler en la línea documental.
- *Clockwork Watch* – proyecto transmedia inspirado en las novelas gráficas de Yomi Ayeni.
- *ZED.TO* – proyecto ARG canadiense de ciencia-ficción.
- *Wakfu* – videojuego MMORPG, serie de animación y juego de cartas.
- *Defiance* – serie de TV y videojuego interconectado.
- *Quantum Break* – serie de TV y videojuego interconectado.
- *Pokémon GO* – videojuego de realidad aumentada basado en la geolocalización y el multiverso de los personajes Pokémon.
- *A Dinner with Frankenstein* – sistema creativo lanzado en 2018, es el último proyecto de Lance Weiler y consiste en un *network* de proyectos enlazados por una narración central, diseñada para provocar la exploración de un futuro compartido con la inteligencia artificial.

Transmedia en España

La integración del transmedia en España ha sido muy paulatina, pero, sin embargo, podemos decir que los últimos años ha vivido un crecimiento exponencial, y que su acogida por parte del público es cada vez mayor. Algunos de los principales proyectos transmedia realizados en España son los siguientes:

- *La Peste* – producción transmedia de Movistar pensada para promocionar la serie de televisión.
- *La Zona* – otra serie de Movistar que incluye una web especializada en la que se pueden explorar distintos formatos basados en la narración principal.
- *Si fueras tú* – primer proyecto interactivo transmedia producido en España.
- *Fashion Freak* – plataforma de comunicación sobre diseño independiente.
- *El Cosmonauta* – primer proyecto de *crowdfunding* transmedia que incluye película, , libros y documentales, y del que hablaremos en detalle.

- *Plot 28* – universo transmedia basado en la teoría de la conspiración.
- *Panzer Chocolate* – universo transmedia que integra una película, videojuegos y aplicaciones ARG, dirigido por Robert Figueras.
- *El silencio se mueve* – novela transmedia de Fernando Marías.
- Águila Roja – serie de televisión con expansión transmedia a través de películas, websites, cómics y juegos MMORPG.
- *El Barco* – serie de televisión producida por Antena 3 y con expansión en redes sociales, muy específicamente en Twitter.
- *19 Reinos* – experiencia en transmedia producida para el lanzamiento de una temporada de la serie *Juego de Tronos*.
- *El Ministerio del Tiempo* – serie de televisión con expansión transmedia a través de web series, experiencias de realidad virtual, blogs y cómics.
- *Vis a vis* – falso documental que incluye una página web donde los personajes conceden entrevistas y presentan imágenes y fragmentos de vídeo inéditos.
- *El Pelotari y la Fallera* – campaña transmedia producida por Amstel y basada en la película de Julio Médem.

En España existen numerosas limitaciones, técnicas y legislativas, que impiden el pleno desarrollo de la tecnología transmedia. Algunas se deben a la falta de industria que permita el desarrollo de este lenguaje, y otras debido a la falta de incentivos –a menudo por desconocimiento– que las principales instituciones culturales están dispuestas a ofrecer. Las principales limitaciones son las siguientes:

- Propuestas limitadas y centradas en adaptaciones de productos existentes.
- Falta de guionistas y productores orientados hacia la tecnología transmedia.
- Exceso de productos transmedia tácticos producidos por agencias de publicidad.
- Nula legislación que determine una separación entre audiovisual generalista y nuevos medios (en España la legislación audiovisual se remonta al principio de los años ochenta, siendo una de las más obsoletas de Europa).

- Nula capacidad de canalizar y gestionar la producción de los *prosumers*, la cual es percibida como un mero entretenimiento, sin ninguna repercusión creativa o social.
- Falta de capacidad y conocimiento para integrar las nuevas tecnologías dentro de un sistema que ha envejecido, y se mantiene firme en su ignorancia e incapacidad productiva y/o pedagógica.

Estudio de caso: *El Cosmonauta*

Sin duda, en los dos últimos años el proyecto de producción española relacionado con el transmedia que más ha dado que hablar es *El Cosmonauta* (2013), y eso probablemente por dos motivos bien distintos: por un lado, la extraordinaria campaña de comunicación que popularizó el proyecto, haciéndolo parecer como una de las auténticas promesas del futuro del cine y de lo que las nuevas tecnologías podrían aportar al lenguaje audiovisual –provocando que numerosos inversores particulares pusieran dinero en esta aventura que era financiada mediante *crowdfunding*– y, por otro lado, el sonoro fracaso, tanto económico como de crítica, que recibió, factor que de alguna forma hizo estallar una burbuja de ilusión y optimismo acerca de las nuevas posibilidades que brinda este formato.

El Cosmonauta

Aún así, es importante analizar el proceso de construcción de este proyecto pionero que se lanzó a la piscina, basándose únicamente en la fe de que la transformación digital de los medios audiovisuales ya había llegado. Es sumamente interesante leer las reflexiones de su autor, Nicolás Alcalá, en el blog dedicado, no ya al proyecto, sino a los momentos posteriores a su naufragio. En él, el cineasta transmedia sigue firmemente convencido de la validez de su propuesta y augura un futuro brillante para el formato. Se sitúa, al igual que muchas otras obras precursoras, en el rol del innovador o pionero que fracasa porque el público aún no está preparado para apreciar sus ideas. Sin embargo, en los últimos años desde el estreno de la película, la tecnología ha ido moldeando la manera en que una nueva generación de espectadores se relaciona con las obras audiovisuales. Esto hace presagiar que en un futuro inmediato las películas transmedia podrían finalmente encontrar su público, el cual ya no requiere de la experiencia tradicional a la hora de consumir cine o televisión, sino que se orienta principalmente por –y a través– de la red.

El cosmonauta es una película española de ciencia ficción, o de historia alternativa, estrenada en mayo de 2013. Fue filmada en Letonia, Rusia y España, en idioma inglés. Ambientada en la antigua Unión Soviética durante la época de la carrera espacial, en un supuesto viaje a la Luna. Financiada en gran parte mediante la fórmula del micromecenazgo o financiación colectiva a través de pequeñas donaciones. En su distribución recurrió simultáneamente a todos los sistemas: estreno convencional en salas de cine, emisión en TV, venta de libro con DVD, y acceso gratis en Internet.

Inspirado en producciones como *A Swarm of Angels* y *Artemis Eternal*, *El Cosmonauta* es el primer largometraje español que utiliza el método de financiación de *crowdfunding*. Había dos formas de involucrarse en la producción de *El Cosmonauta*. Primero, como productor regular. Desde una contribución inicial de dos euros, un contribuyente puede ser incluido como «productor» en los créditos de la película, recibiendo un paquete de bienvenida y un boleto para el sorteo de uno de los trajes de cosmonautas que se utilizará en la película. Se podrían utilizar otras inversiones para comprar artículos de comercialización en la tienda en línea de la película. En segundo lugar, como inversor de cine. De una inversión inicial de 100 euros, un contribuyente puede poseer un porcentaje de las ganancias de la película.

En un proyecto cinematográfico cuya difusión se basa principalmente en el uso de las redes sociales, y en la sinergia entre la audiencia y los creadores, el material de red de la película se centra principalmente en la creación de una comunidad de admiradores. Los productores, independientemente de su participación monetaria en la película, forman parte del Programa K, un grupo social en el que pueden relacionarse entre sí, seguir el desarrollo de la película y aprovechar los beneficios y sorteos especiales para los miembros del Programa K.

Crowdfunding y distribución transmedia

Se introduce un plan de financiación totalmente nuevo en el modelo de negocio. Mientras que en el modelo anterior la financiación de la película se realizó a través del financiamiento colectivo y la inversión privada, en «El Plan», se detalla un plan progresivo de tres etapas, en el que hay espacio para la financiación privada, el financiamiento colectivo, el patrocinio y la preventa de distribución. Si bien el nuevo modelo de tres etapas (en la que la primera etapa sería el primer año del proyecto) mantiene el financiamiento colectivo y la inversión privada como medios de financiamiento, su papel en el proyecto varía: económicamente, el financiamiento colectivo tiene menos peso que en el primer borrador del proyecto. Sin embargo, su uso se mantiene debido al peso que tiene una infraestructura completamente desarrollada para mantener y fortalecer una comunidad de fanáticos. Con respecto a la inversión privada, mantiene el mismo sistema operativo, pero la relación de ganancias por dinero invertido varía según la etapa del proyecto. Según los datos de Riot Cinema, de los 860.000 euros que costará el proyecto, se espera que el 6.5% se financie a través del *crowdfunding* y/o *merchandising*, el 21% por inversión privada, el 32% por patrocinio y el 40.5% por distribución de preventa.

De la misma manera, el modelo de distribución de películas también ha cambiado. El proyecto ha sufrido cambios más notables en sus canales de distribución y en la finalización final del proyecto. En cuanto a la distribución, el objetivo del nuevo plan es el estreno simultáneo en todas las ventanas de lanzamiento. La filosofía detrás de esta decisión es permitir al usuario elegir el formato en el que quiere ver la película. Se han adoptado diferentes particularidades para cada ventana de lanzamiento, teniendo en cuenta cada media, pero haciendo algunos cambios en la forma tradicional de distribución. Por ejemplo, el lanzamiento en Internet seguirá siendo totalmente gratuito y en HD, mientras que el lanzamiento de TV tendrá un final alternativo para ese canal. De la misma manera, los responsables de la película han diseñado una presentación especial en los cines para animar a la gente a ir a los teatros. Esto se denomina «La experiencia de los cosmonautas» y combina elementos de desempeño con interacción recreativa con la audiencia, proyección clásica y un recorrido itinerante, para brindar a la audiencia, según los creadores, una «experiencia» adicional. Este recorrido por las proyecciones no reemplazará la proyección tradicional en los cines, pero se realizará al mismo tiempo.

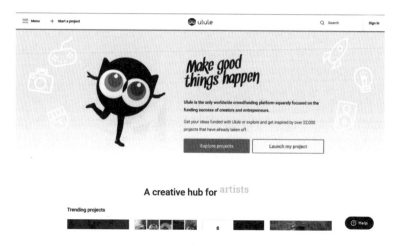

Plataforma de *crowdfunding*

El Cosmonauta, en cuanto a su finalización actual, ya no es un largometraje de ciencia ficción. Siguiendo los pasos de franquicias como *The Matrix* o *Lost*, *El Cosmonauta* será un proyecto transmedia con ramificaciones en diferentes campos. Está previsto realizar una serie de webisodios, contenido móvil o incluso un ARG, entre otros. Cada serie de contenido mostrará su propia perspectiva de una historia incluida en la película. No será necesario observarlos para comprender los hechos proporcionados, pero proporcionará algunos datos e información sobre el mundo de *Cosmonauta* que se complementarán entre sí. *El Cosmonauta* es uno de los proyectos de *crowdfunding* más exitosos de la historia con aproximadamente 300.000 €.

Después de haber recaudado 120.000 € durante los dos primeros años, se tomó la decisión de filmar con ese dinero junto con 120.000 € más aportados por un coproductor ruso. Una semana antes de la filmación, cuando se compraron todos los boletos y se hicieron todas las reservaciones, el coproductor tuvo que retirarse. Luego se lanzó una campaña desesperada que solicita a la comunidad que ayude a salvar la película.

Más de 600 personas contribuyeron con un total de 131.000 euros en tres días, superando todos los récords mundiales de *crowdfunding* en tan poco tiempo, y permitiendo la filmación de la película. Con un éxito tan enorme, la posibilidad de invertir se mantuvo durante todo el rodaje. Se creó una ventana de transmisión para que los inversionistas pudieran ver los rodajes que hicieron posible en vivo.

Lánzanos, la plataforma de financiamiento colectivo en español que colaboró durante toda la campaña, enfrentó, junto con el equipo de *El Cosmonauta*, lo que denominaron «su fracaso más hermoso de diseño»: la barra de estado de recaudación superó el 173%, yendo más allá de la caja en la que estaba incrustado. Lo mismo sucedió en el sitio web de la película.

4

EL WEBDOC O DOCUMENTAL INTERACTIVO

El webdoc

La popularización de los lenguajes interactivos llevó de forma natural el desarrollo de un nuevo formato, el webdoc, cuyo nombre proviene de la contracción de las palabras *web* y *documentary* (web y documental) en su formato inglés. El webdoc consiste principalmente en una experiencia audiovisual interactiva cuyo objetivo es transmitir la información correspondiente al tema tratado por el proyecto de forma no lineal. De esta forma, el espectador o usuario puede navegar dentro de la narración que le ofrece la pieza. Invariablemente, el webdoc, también llamado documental interactivo o documental multimedia, presenta una estructura cuyo objetivo es la inmersión dentro de la historia, a diferencia de la presentación secuencial tradicional de las piezas audiovisuales. Hay que destacar que el hecho de que a este formato se le denomine de forma particular webdoc, o bien se le categorice dentro del género del documental, y no ya de la ficción o de otros géneros, proviene del hecho de que el cine real fue el primero que adoptó de forma consistente y continua dicho lenguaje.

En el webdoc el contenido está fragmentado por la interacción del usuario navegando a través de una estructura compuesta de texto, imagen, vídeo, audio y/o animaciones o infografías. Las piezas audiovisuales así creadas son hipertextuales, no lineales, interactivas y/o participativas. Pueden poseer solo uno de estos elementos o ser una combinación de todos ellos. Por regla general, están basadas en tiempo real, y dado que se publican en la red es corriente que los distintos capítulos se vayan presentando en varias semanas o incluso meses.

Pantalla de un webdoc

La narración se desarrolla a través de las decisiones que toma el usuario/espectador, el cual dispone de un interfaz que le permite explorar la pieza. Esta suele desarrollarse en torno a una pantalla principal que puede ser animada o estática, pero que permite explorar los distintos contenidos sin ofrecerlos de forma global. De esta forma, el webdoc se distancia de la página web tradicional, ya que en este último caso lo más importante es la rápida y fácil accesibilidad a la información y, en cambio, en el documental interactivo se prima el efecto narrativo por encima del informativo. Así, cada pieza tiene un entorno que puede ser radicalmente diferente, de manera que el espectador tenga que descubrir por sí mismo el funcionamiento del sistema específico que conforma el «núcleo» o página inicial de la película. A mayor interactividad mayor sensación de exploración que ofrece una experiencia más inmersiva.

De alguna forma podríamos considerar que el mejor resultado es una obra que nace de la confluencia de los sistemas multimedia tradicionales como el CD-ROM y la capacidad de navegación hipertextual que nos brinda la web. Su desarrollo empezó a finales de los años noventa y desde entonces ha ido creciendo exponencialmente, a medida que las capacidades tecnológicas del vídeo, el audio y las tecnologías de la información y la comunicación (TIC) se han incrementado de forma espectacular. Esta popularización ha generado además todo un universo de premios, festivales e incluso cursos y másters especializados. La mayoría de publicaciones dedicadas al audiovisual y las tecnologías de la información se han hecho eco de este formato que se ha vuelto muy popular. Por otro lado, canales de televisión y productoras de instituciones gubernamentales dedicadas a la cultura han abierto subvenciones y líneas de financiación para el desarrollo de los webdocs.

A día de hoy, existen numerosos proyectos que trascienden de forma notable lo que podría considerarse como un documental, pero, aunque estos pueden inscribirse como obras de ficción, de videoarte o experimentales, el término webdoc se ha convertido en el estándar que engloba la totalidad de estas producciones.

Pantalla webdocs NFC

Siendo un formato relativamente reciente se puede considerar que los autores de webdocs son pioneros. A menudo provienen de entornos más tradicionales de la producción audiovisual como el cine o la televisión, así como de la fotografía, las artes visuales o el periodismo. Es interesante observar que la producción de un documental interactivo puede incluir una diversidad de profesionales extraordinariamente diversa, incluir además de los equipos audiovisuales a diseñadores gráficos y multimedia, programadores informáticos, especialistas en experiencia de usuario y diseño de interfaces, así como expertos en campos distintos en función de la temática de la obra.

El espectador interactivo y participativo

Hemos comentado anteriormente cómo el espectador adquiere una mayor importancia al poder decidir según sus acciones el transcurso de la historia. En el webdoc además se convierte en un miembro activo para el resto de la comunidad que experimenta la pieza, ya que se le permite enviar comentarios, debatir, subir fotografías, grabaciones de audio o vídeos que pueden ser visionados por el resto del público. De esta manera, se convierte en una pieza clave y primordial para el género, puesto que el éxito del mismo dependerá del grado de implicación que aporten los espectadores.

El guion del webdoc

Como ya hemos dicho, el guion de un webdoc se estructurará alrededor de una página principal –imagen, vídeo, animación 3D interactiva, etc.– que funciona a modo de lugar de recepción y posterior exploración del contenido. Como si se tratara del salón en una casa, el espectador explora los distintos espacios que esta contiene desde esa recepción, abriendo puertas y ventanas y recorriendo los distintos pasillos a medida que va descubriendo la historia.

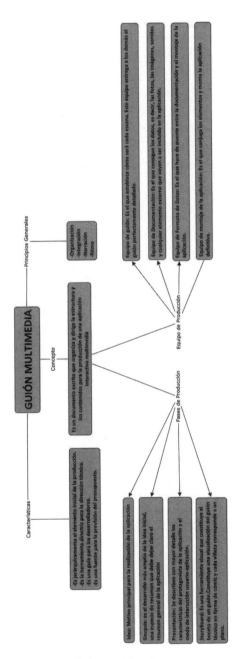

Guion multimedia

A diferencia de un guion tradicional, el webdoc se constituye como una estructura en telaraña basada en distintos nodos que permiten enlazar unos contenidos, y desplazarse a través de esta red libremente en función de los deseos del espectador. Podemos decir, por lo tanto, que nunca dos espectadores seguirán el mismo camino dadas las enormes variables que los enlaces les ofrecen. Además, los contenidos multimedia pueden contener enlaces que permiten saltar a otras zonas de la experiencia, o bien expandir y detallar aquel contenido que se está visualizando.

El formato de escritura de guion multimedia es, por lo tanto, muy distinta de la de un guion literario, ya que debe incluir la totalidad de los contenidos, así como aquellos que serán proveídos por los usuarios, y manteniendo siempre una estructura lógica de cara a la producción audiovisual y el *authoring* interactivo. Es común que estos guiones adopten una forma más cercana a la estructura de flujo de una web, la cual incluye una definición de todos los medios que participan en la obra, mediante un sistema de tarjetas en las que se incluyen, por ejemplo, textos, audios, imágenes y piezas de vídeo. El programa Klynt, que estudiaremos más adelante, ofrece un sistema de estructura de árbol combinado con un *storyboard* que hace muy fácil la visualización de la estructura, y que, por lo tanto, ya puede utilizarse desde la misma escritura del guion. Este mismo *storyboard* seguirá actualizándose a medida que la producción avance, introduciendo los distintos contenidos a medida que estos vayan siendo realizados. De esta manera, el guion multimedia es una pieza viva y orgánica que se escribe al mismo tiempo que la obra avanza, integrando en esta estructura en forma de árbol –o de telaraña– vídeos, imágenes y otros medios que conforman la experiencia.

Una idea interesante y efectiva a la hora de escribir un guion multimedia es la creación de un animatic. El animatic es por regla general un *storyboard* animado que se utiliza tradicionalmente en la realización de películas de animación. Estas deben ser perfectamente definidas antes de empezar a dibujar, puesto que cada fotograma tiene un coste importante en tiempo y dinero. Los animatics de animación son extremadamente precisos y de ellos se extrae todo el plan de producción que servirá para realizar la película.

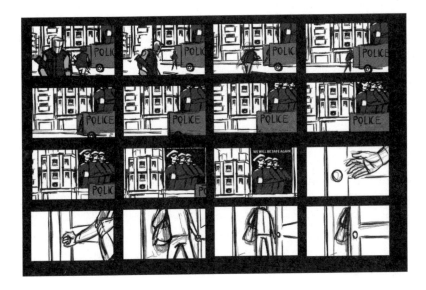

Imagen de un animatic

Ya desde los años sesenta, cuando se popularizó el cine publicitario, las agencias utilizaron los animatics como una herramienta muy útil para proponer ideas a sus clientes e incluso testearlas con el público. Ya en la actualidad cualquier producto multimedia suele inicialmente desarrollarse en base a un prototipo: una versión boceto del producto final, como si de una maqueta se tratase, en la que los contenidos sean sustituidos por *storyboards*, vídeos de referencia, sonidos grabados en el mismo estudio o incluso textos que indican qué es lo que debe aparecer en un lugar concreto en el momento indicado.

Los animatics son verdaderamente prácticos, puesto que son muy fáciles y baratos de realizar. Pueden cambiarse y alterarse innumerables veces y permiten que el equipo analice el funcionamiento de su producto durante las reuniones de producción. En el caso de los webdocs no hay ninguna diferencia, el animatic permite que los creadores determinen qué es lo que funciona y qué no, alteren el plan de producción y de rodaje en función de los resultados que van viendo en el *storyboard* multimedia, y reescriban de forma continua la pieza interactiva a medida que la producción va progresando.

Producción de un webdoc

Tras la escritura del guion, la producción del webdoc se asemeja en gran medida a cualquier producción audiovisual, con la diferencia de que en el lenguaje tradicional la obra resultante será una pieza secuencial lineal, y aquí se transformará en un seguido de secuencias y contenidos multimedia que podrán ser explorados de forma interactiva.

Los distintos contenidos que conforman el documental interactivo son audiovisuales y, por lo tanto, se producen exactamente de la misma forma que cualquier obra cinematográfica. Del mismo modo, estos contenidos serán montados y postproducidos para entregar un máster al estudio de *authoring*, el cual se ocupará de diseñar la interactividad final. En *Producción de cine digital* hablamos con detalle del proceso de creación de una obra audiovisual, así como de las distintas etapas que conforman la misma, los equipos creativos y técnicos que intervienen en la producción, y finalmente los medios técnicos requeridos para su realización.

Financiación de un webdoc

A día de hoy la financiación de los documentales o películas interactivas sigue siendo un tema difícil debido a la relativa novedad de este formato. Al igual que la nomenclatura documental web proviene en su origen de producciones –casi siempre televisivas– que evolucionaron hacia Internet, es frecuente que los webdocs sean producidos por canales y vías de financiación que por regla general producen documentales clásicos. Si bien la emisión *online* supone un problema para la rentabilidad convencional de una obra audiovisual, la capacidad de difundir la obra a través de la red supone un incremento espectacular en el número de espectadores, y eso muy especialmente en un género que a menudo queda restringido a unos cuantos festivales especializados y algunos canales de televisión, lo cual limita de forma impresionante su acceso a un público mayoritario, convirtiéndolos en obras cerradas y limitadas a unos círculos desgraciadamente muy pequeños.

Ni que decir que a algunos «sibaritas» y autores esta limitación en el número de espectadores les parece una noticia fenomenal, puesto que, de esta manera, el oscurantismo en el que se envuelve la misteriosa obra siempre le añadirá algún plus de exclusividad y deseo. Cierto también es que no tienen ningún interés por el rendimiento económico, probablemente porque no lo necesiten, cosa que, por supuesto, les convierte en totalmente irrelevantes para la mayoría de la sociedad.

A día de hoy, la mayoría de grandes canales de televisión con una orientación cultural ofrecen líneas de financiación para los webdocs, cosa que también hacen la mayoría de televisiones públicas europeas y americanas. A medida que estas producciones se hacen más populares, es corriente que aparezcan nuevos programas que invitan a los creadores audiovisuales y multimedia a presentar proyectos dentro de este nuevo formato. Por supuesto, existe también un tejido de productoras de iniciativas privadas que financian películas interactivas, pero estas son aún demasiado dispares como para poder hablar de una verdadera línea de financiación.

Es interesante destacar la labor del NFB, National Film Board of Canada, una organización pública canadiense cuyo objetivo es producir y distribuir obras audiovisuales para difundir la cultura y la creación canadiense alrededor del mundo. Fundado en 1939 el NFB es especialmente conocido por sus trabajos documentales y de animación, los cuales, financiados públicamente mediante los impuestos de todos los canadienses, han ofrecido obras esenciales a la historia del cine como, por ejemplo, los trabajos de Norman McLaren.

El NFB es probablemente un pionero en la creación y producción de webdocs, siendo su sitio web uno de los enlaces en los que se pueden descubrir el mayor número de películas interactivas, varias de las cuales han ganado los premios más prestigiosos del género. También el canal franco-alemán ARTE –referencia absoluta de una televisión cultural de calidad incomparable– se ha convertido en un actor primordial en la producción de este formato, siendo su sitio web otro de los focos principales para el descubrimiento de piezas notables.

En España, RTVE lanzó hace más de una década el laboratorio de innovación audiovisual, el cual ha producido en los últimos años algunos de los webdocs más interesantes que se han podido ver últimamente. Al igual que los otros canales, este es uno de los principales caminos a la hora de buscar financiación para un documental interactivo. Pero, al igual que cualquier otro proyecto audiovisual, es necesario el intermediario de una productora, la cual negocie con el canal el presupuesto para el desarrollo de la misma a la par que ofrezca una ventana de exhibición, así como la promoción requerida para que el webdoc tenga una difusión exitosa.

Ejemplos de webdocs

- **Bear 71:** http://bear71.nfb.ca/
- **Welcome to Pine Point:** http://pinepoint.nfb.ca
- **Voyage au bout du charbon:** http://www.samuel-bollendorff.com/fr/voyage-au-bout-du-charbon/
- **Prison Valley:** http://prisonvalley.arte.tv
- **Fort McMoney:** http://www.fortmcmoney.com
- **Alma – Hija de la violencia:** alma.arte.tv/es
- **Las Sinsombrero:** https://www.lassinsombrero.com
- **En la brecha:** http://lab.rtve.es/webdocs/brecha/home/
- **Highrise - One Millionth Tower:** http://highrise.nfb.ca/one-millionthtower

Plataformas de difusión y producción de webdocs

- **National Film Board of Canada - NFB Interactive:** https://www.nfb.ca/interactive/
- **Arte Digital Productions:** https://www.arte.tv/sites/en/web-productions
- **IDFA Doclab:** https://www.doclab.org/
- **Laboratorio de Innovación Audiovisual de RTVE - Lab RTVE:** http://www.rtve.es/lab/
- **Altaïr Magazine - Un mundo de webdocs:** https://www.altairmagazine.com/voces/un-mundo-de-webdocs

Estructura de un webdoc

Como hemos explicado anteriormente el webdoc se articula alrededor de un entorno interactivo y multimedia que permite al usuario acceder libremente a sus contenidos de forma no lineal. Estos contenidos pueden ser textos, vídeos o fotos en función de las necesidades del guion específico de la obra, y muy particularmente del contenido que esta quiere transmitir. Esto permite que los puertos sean muy libres y distintos en su forma final, pero si hay un solo elemento que los define como tal este es el de permitir un nivel muy importante de libertad al usuario para explorar el mismo. De esta manera, por ejemplo, podemos apreciar que un gran número de vídeos que constituyen los webdocs incluyen enlaces que permiten expandir la información –o la experiencia– que estamos recibiendo. Generalmente, esto se articula a través de una navegación «vertical» por contraposición a la tradicional secuencialidad horizontal que ofrece el lenguaje audiovisual.

Manual de creación de webdocs con Klynt

▶ 1. Crear un proyecto de Klynt

Al iniciar Klynt por primera vez la pantalla de bienvenida nos presenta una lista de proyectos recientes a los que podemos acceder inmediatamente clicando en su título. Para crear un nuevo proyecto, debemos escribir un nombre y clicar **OK**.

Pantalla de bienvenida de Klynt

En el caso de querer recuperar un proyecto en curso, únicamente tenemos que localizar el título del proyecto en nuestro disco duro y clicar directamente en el título del mismo en el área del texto correspondiente en el administrador de licencias.

Podemos encontrar una serie de vídeos tutoriales sobre el funcionamiento de la plataforma en la web: http://support.klynt.net

Trabajar con *plugins*

Desde la versión 3.1 del programa podemos añadir algunas opciones a Klynt activando los *plugins*. Estos son: Vimeo Pro y Brightcove. Cuando adquirimos un *plugin* recibiremos un código de activación vía e-mail. Debemos copiar el código correspondiente en la casilla de texto del administrador de licencias.

Registro de licencia en Klynt

▶ 2. La librería de medios

Librería de medios

- Lista de medios organizados por tipo
- Lista de medios organizados por secuencia
- Parámetro: muestra automáticamente los medios asociados cuando se selecciona o abre una secuencia en el guion gráfico (*storyboard*)
- Borrar medios
- Importar medios

Preparar los medios

Klynt admite múltiples tipos de medios y formatos:

- Imagen: JPEG, PNG, GIF
- Vídeo: MP4 (h264)
- Audio: MP3

Antes de importar los archivos multimedia dentro de la biblioteca de medios, se recomienda convertirlos a un formato compatible con Klynt. Hay varias soluciones gratuitas y de pago. Para cada tipo de medio, hay un *software* gratuito de código abierto, compatible con Mac y Windows, fácil de usar.

Optimizar los archivos multimedia para la web

Además del formato de archivo, es importante optimizar los archivos multimedia para reducir al máximo el tiempo de carga del proyecto en línea.

El peso de un archivo multimedia se define por su resolución y salida (*output*). Cuanto mayor sea la resolución y la salida, mejor será la calidad visual, pero el elemento también será más pesado.

Importar y gestionar los medios

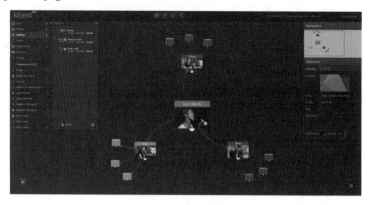

Para importar imágenes, vídeos y archivos de audio en su proyecto Klynt, arrástrelos y suéltelos de su carpeta local en cualquier lugar en el panel «Biblioteca multimedia». Ahora puede visualizar los archivos importados.

Puede agregar directamente un archivo de su computadora directamente a la escena. Los elementos importados se agregarán directamente en la línea de tiempo. También puede arrastrar y soltar los medios directamente en el guion gráfico. Esto creará una nueva secuencia que contiene este archivo multimedia.

Reemplazar un medio en la biblioteca de medios

Después de importar un archivo multimedia, puede actualizarlo a una versión más nueva. Para que pueda editar un vídeo, por ejemplo, o corregir una imagen que ya está siendo utilizada en Klynt. Para actualizar un archivo multimedia, seleccione la nueva versión de su ordenador y arrástrela y suéltela en la biblioteca multimedia. Aparecerá un mensaje de advertencia para confirmar la actualización. También puede colocar la nueva versión directamente en la línea de tiempo o en el lienzo del editor para actualizar los medios.

Reemplazar un medio en la secuencia

Mientras trabaja en su proyecto, puede reemplazar fácilmente un archivo multimedia por otro manteniendo su posición, tamaño y tiempo de visualización. Simplemente seleccione el medio que desea cambiar y haga clic en el icono de edición (lápiz) a la derecha de la «Fuente» en el panel de propiedades. Luego seleccione un nuevo archivo de la lista desplegable que aparece. El archivo multimedia se actualizará automáticamente en ese momento.

▶ 3. El *storyboard*

El *storyboard* es lo primero que ve cuando crea o abre un proyecto de Klynt. Desde el guion gráfico, obtenga una visión completa del esquema narrativo de su proyecto, que incluya todas las miniaturas de secuencia y los diferentes enlaces entre las secuencias.

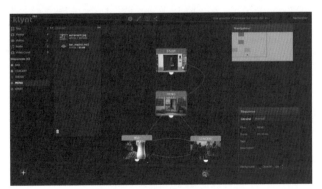

Klynt *Storyboard*

Para agregar una secuencia nueva a su guion gráfico, puede hacer clic con el botón derecho en el fondo del Guion gráfico > Agregar nueva secuencia.

O arrastre y suelte un medio desde la «Biblioteca multimedia» al guion gráfico, así creará una secuencia con ese medio en él.

Crear un nuevo link

Puede crear un enlace entre dos secuencias directamente desde el guion gráfico haciendo clic y arrastrando el pequeño nodo al final de una secuencia. Arrástrelo a otra secuencia y se pegará a ella, creando así un enlace de la primera secuencia a la otra. También puede crear un enlace presionando el botón «Alt» desde su teclado mientras hace clic en la primera secuencia, luego haga clic en otra secuencia y suelte el botón «Alt».

Para editar los parámetros de un enlace entre dos secuencias, selecciónela para que su panel de propiedades aparezca directamente desde el guion gráfico o el editor de secuencia.

Cambiar la secuencia principal predeterminada

Por defecto, la secuencia principal de su proyecto (la que inicia su proyecto cuando se publica) es la que se llama «Introducción». Está marcado con un icono rojo en miniatura. Para definir una nueva secuencia principal, haga clic con el botón derecho en la secuencia y seleccione «secuencia principal». Ahora debería aparecer un icono rojo en la secuencia seleccionada y cuando publique su proyecto, comenzará a reproducirse con esta secuencia.

Editar una secuencia de superposición

Una secuencia en modo de superposición se muestra como una ventana «emergente». Cuando está abierta, pausa la secuencia principal para aparecer superpuesta en la parte superior. La secuencia en modo superposición se puede usar cuando se desea que el usuario acceda a información adicional mientras se visualiza una secuencia (p. ej. Biografía del entrevistado en la secuencia, información de fondo sobre el tema...) y pausar la secuencia principal.

▶ 4. El editor de secuencias

El editor de secuencias es donde se editan las secuencias del proyecto agregando medios a la línea de tiempo y estableciendo sus diferentes propiedades. El editor de secuencias está dividido en tres secciones principales:

1. La escena para posicionar los elementos, denominada WY-SIWYG, del inglés What You See Is What You Get (Lo que ves es lo que tienes).
2. El panel de propiedades en el lado derecho para cambiar la configuración avanzada de los elementos.
3. La línea de tiempo para administrar los elementos en tiempo y orden de aparición.

Editor de secuencias

La línea de tiempo permite administrar los elementos en el tiempo. Consiste en pistas por tipo de elementos. En cada pista, se pueden agregar elementos, administrar su tiempo de inicio, duración, etc.

La línea de tiempo

El espacio de la línea de tiempo se divide en ocho partes:

1. Establecer posiciones predefinidas del escenario.
2. Controlar la reproducción y previsualizar las posiciones predefinidas del escenario.
3. Eliminar una pista.
4. Agregar una pista por encima de la pista activada.
5. Subir o bajar una pista.

6. Mostrar u ocultar una pista en el WYSIWYG.

7. Bloquear una pista.

8. Configurar el nivel de zoom en la línea de tiempo.

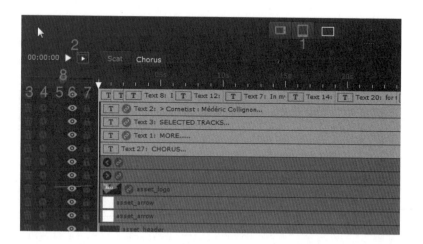

La pista

A la derecha del icono «+», hay dos iconos (el ojo y el candado) para enmascarar una pista y/o bloquearla. Cuando enmascaras una pista, estará oculta solo en WYSIWYG. Para eliminar por completo una pista, debe eliminarla (haga clic derecho / eliminar) o haga clic en el icono de la papelera. La ruta de bloqueo evita cambios accidentales en las posiciones o propiedades de su elemento mientras trabaja en su proyecto.

Agregar elementos media a la línea de tiempo

Para agregar un medio a la línea de tiempo del editor de secuencias, puede simplemente arrastrar y soltar un archivo directamente desde la biblioteca de medios al escenario. También puede agregar un archivo directamente desde una carpeta en su computadora arrastrándolo y soltándolo en la línea de tiempo. O haga clic en el botón de importación de medios en la segunda pestaña de la biblioteca multimedia.

Para agregar un elemento de texto, botón, formulario o iFrame, puede arrastrarlos y soltarlos de la biblioteca de medios a la línea de tiempo o WYSIWYG. También puede hacer un clic derecho en la línea de tiempo.

Establecer la duración de los medios

Para establecer la duración de un medio, haga clic en su lado derecho y estírelo según su necesidad.

También puede establecer una «Duración» usando el panel de parámetros de medios, en la parte superior derecha de su ventana.

Para mover sus medios, selecciónelos y arrástrelos hacia la izquierda y hacia la derecha para cambiar su orden en la secuencia. Puede establecer una hora de inicio utilizando el panel de parámetros de medios, en la parte superior derecha de su ventana.

Para eliminar un medio, haga clic en él desde la línea de tiempo o la etapa del editor y elija «Eliminar».

Tamaño y posición de los elementos

Para agregar un medio a la escena de una secuencia, simplemente puede arrastrar y soltar el medio de la biblioteca de medios a la escena. Por otro lado, para agregar un elemento de texto, un botón, un formulario o un iFrame, haga clic con el botón derecho en una secuencia de Texto de objeto y seleccione la opción «Agregar».

Puede redimensionar manualmente un elemento. Seleccione uno en el lienzo o desde la línea de tiempo. Aparece un marco rojo alrededor del elemento para informar que está seleccionado. También hay puntos rojos en cada esquina. Al seleccionar uno de los puntos en una esquina, puede cambiar el tamaño de un elemento. Para mantener la relación mientras se cambia el tamaño, mantenga presionada la tecla «Shift».

Redimensionar un elemento

Cuando se importan en una escena, los medios tienen una posición predeterminada. Los vídeos se adaptan automáticamente al tamaño del jugador. Las imágenes mantienen sus dimensiones originales y se colocan donde las deja caer. Los botones, formas e iFrames están posicionados por defecto en el centro de la escena mientras los botones están posicionados en el lado derecho.

Puede actualizar manualmente la posición y mover un elemento arrastrando y soltando con el cursor o usando las flechas de su teclado. También puede mover varios elementos a la vez. Mantenga presionada la tecla «Shift» y haga clic en varios elementos para seleccionarlos todos. Para moverlos, use las teclas de flecha de su teclado.

Actualizar manualmente la posición

La configuración responsiva ofrece un segundo nivel de posicionamiento. Permite colocar sus elementos para que se ajusten a una configuración receptiva, según los lados de la ventana de su proyecto. Gracias a esa opción, sus elementos pueden adaptar automáticamente su posición y visualización para adaptarse a múltiples tipos de pantallas.

Puede colocar automáticamente sus botones y textos para ganar algo de tiempo y asegurarse de que estos elementos estén siempre en el mismo lugar. Esta opción también puede ser útil para ubicar flechas de navegación, títulos o subtítulos. Por defecto, el posicionamiento automático se activa en botones y textos estándar. Puede activar o desactivar esta opción desde el panel de propiedades de sus elementos al marcar la opción «Tamaño y posición predeterminados». Para actualizar la configuración del posicionamiento automático, abra el panel «Configuraciones de diseño» (desde la pestaña «Proyecto»). Al seleccionar un estilo de texto o botón, puede actualizar la posición de forma predeterminada.

Editar las imágenes

Para editar las imágenes en su secuencia, haga clic en una imagen en la línea de tiempo y use el panel de propiedades para cambiar sus parámetros.

Editar las imágenes

Elegir una transición animada para las imágenes:

- Seleccione uno o más elementos y haga clic en la pestaña «Transiciones de la ventana - Propiedades de la imagen»
- Definir una transición de entrada, salida, puntos o ambos
- Elija la duración de las transiciones

Animar las imágenes

Puede crear animaciones simples con el efecto de panorámica y zoom. Al establecer una posición de inicio y final y una duración, animará fácilmente su imagen.

Para agregar un efecto de panorámica y zoom en su imagen, haga doble clic en el elemento desde el escenario o la línea de tiempo. Se abre una ventana emergente donde puede establecer una posición inicial y final. Finalmente, puede elegir mostrar la posición inicial o final en la escena.

Una vez que haya definido la posición, puede establecer una duración en el panel de propiedades de su elemento cambiando el tiempo de «Duración».

Animar las imágenes

Editar los vídeos

Para editar los vídeos en su secuencia, haga clic en un vídeo en la línea de tiempo y use el panel de propiedades para cambiar sus parámetros.

Elegir una transición animada para los vídeos:

- Seleccione uno o más elementos y haga clic en la pestaña Transiciones de la ventana - Propiedades del vídeo
- Defina una transición de entrada, salida, puntos o ambos
- Elija la duración de las transiciones

Para cambiar el estilo de visualización de sus vídeos, haga clic en la pestaña «Estilo» de la ventana de propiedades. Para ajustar el volumen de su vídeo, use el control deslizante para aumentar o disminuir el volumen desde la ventana «Propiedades del vídeo». Por defecto, los vídeos se configuran para que se reproduzcan automáticamente cuando se muestran y «sin bordes», por lo tanto, sin una barra de progreso o botones específicos de reproducción / pausa. Puede visualizar los controles de vídeo y deshabilitar la opción «Reproducción automática» al marcar «Controles de vídeo».

Para reproducir un vídeo en bucle, haga clic en la casilla «Loop» en la ventana «Propiedades del vídeo».

Editar los archivos de audio

Para acceder a las propiedades de su archivo de audio, seleccione el elemento de la línea de tiempo o la escena. El panel de propiedades se actualizará con los valores adecuados.

Para ajustar el nivel de sonido de sus vídeos, use el control deslizante de nivel de sonido en el panel «Parámetros de medios».

Definir bucles (Loops)

Para establecer un bucle en sus medios de audio, marque la casilla de verificación «Sonido de bucle» en el panel Parámetros de medios y luego arrastre el lado derecho del elemento de audio en la línea de tiempo tanto como desee. Si lo arrastra más allá del cursor final de la secuencia y establece una opción de «Audio continuo» (que se explica a continuación), el audio reproducirá un ciclo después del final de la secuencia si no hay un enlace automático al final de esta secuencia.

Establecer audio continuo

Tener un juego continuo de audio a lo largo de su proyecto mejora la experiencia de inmersión mientras ve su programa interactivo al reproducir un archivo de audio (por ejemplo, un sonido envolvente) durante una navegación ininterrumpida. El audio continuo es útil en los siguientes casos:

- Al final de una secuencia en el caso donde se espera una acción del usuario para moverse a otra secuencia.
- Entre dos o más secuencias.
- Mientras una secuencia en modo de superposición (con la secuencia principal pausada).

Para reproducir un audio continuo entre secuencias, debe agregar el archivo de audio en cada secuencia, verificar el parámetro «audio continuo» en cada uno de los paneles de propiedades de archivos de audio y asegurarse de que el archivo se coloque al comienzo de la secuencia. (Tiempo de inicio a las 00:00:00)

Por defecto, un archivo de audio está configurado para reproducirse automáticamente cuando se muestra y «sin bordes», es decir, sin un reproductor asociado. Puede visualizar los controles de vídeo y bloquear la opción de reproducción automática marcando «control de sonido» (los controles muestran una barra de progreso con un botón reproducir / pausar).

Para sincronizar un archivo de audio con una secuencia, simplemente marque esta opción desde la ventana «Propiedades del audio». El archivo actuará como un «maestro de sincronización» de esta secuencia y todos los demás medios se sincronizarán con él. Las barras de control le permitirán moverse a través de la secuencia.

Anotar los archivos de vídeo y audio

Tal como se ha comentado anteriormente, la capacidad de integrar elementos de interacción dentro de los archivos audiovisuales, los cuales permiten al usuario desplazarse hacia otros contenidos y vincularlos con aquellos que ya se han visionado, enriquece de forma extraordinaria la experiencia del espectador. De la misma forma que en YouTube podemos integrar anotaciones que nos vinculen con otros vídeos, en Klynt lo podemos realizar con todo tipo de objetos multimedia, lo cual nos ofrece un terreno extremadamente rico para experimentar con un sinfín de narraciones no lineales, directamente ligadas a la (nueva) capacidad de los medios digitales en el uso de lenguaje hipertextual.

Sin duda, la riqueza del webdoc consiste en que cualquier espectador vivirá una experiencia única y distinta de la de otro espectador. En ese sentido la capacidad de hipervincular los contenidos mediáticos mediante anotaciones es una de las herramientas más potentes que contiene el programa. Y como ya hemos comentado con anterioridad una de las bases del lenguaje audiovisual interactivo.

Desde Klynt 3.3, es posible resaltar momentos de los vídeos o audios al mostrar un marcador visible en la barra de progresión. Estos marcadores se posicionarán automáticamente en la barra de progresión cuando el elemento asociado aparezca en su secuencia.

Marcadores Links

Puede configurar estos marcadores desde la pestaña «Enlaces» del panel de propiedades del elemento.

Es posible asignar un marcador a cualquier elemento de una secuencia (imagen, texto, botón, forma, ...) ya sea que contenga un enlace o no. Tenga en cuenta que la creación de marcadores solo es posible si la secuencia contiene un medio sincronizado.

El marcador de la barra de control es un marcador en la línea de tiempo, al hacer clic en él se regresará al usuario al punto asociado en el vídeo.

Este marcador se puede complementar con una etiqueta y una miniatura de imagen (esto solo es posible en el caso de un enlace a una secuencia que tiene una miniatura). Esta información adicional se mostrará al pasar el cursor del *mouse* sobre el marcador. Al hacer clic en ese elemento, son las propiedades del enlace las que determinarán la acción generada (enlace a una secuencia, un sitio web externo o un *widget*...)

Reunir múltiples marcadores en uno

Puede reunir múltiples marcadores en uno. Para hacer esto, simplemente coloque los elementos anotados en el mismo tiempo en la línea de tiempo. Esto reunirá de manera efectiva la información asociada adicional y la superpondrá sobre el *rollover* en el marcador.

Añadir y editar un elemento de texto

Para agregar un elemento de texto a su secuencia, haga clic con el botón derecho en una pista en la línea de tiempo y haga clic en «Agregar texto» o arrastre y suelte un tipo de texto de la biblioteca de medios. Se creará un elemento de texto en la línea de tiempo, así como un área de texto en el escenario.

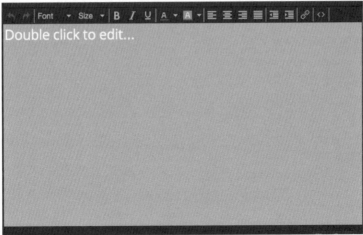

Editor de texto

Para editar su texto, haga doble clic en el elemento de texto en la pista de texto o en el escenario. Una ventana emergente le permite editar su texto con los siguientes accesos directos:

- Deshacer rehacer
- Elige tu fuente y su tamaño
- Formato (negrita, cursiva, subrayado)
- Color y color de fondo
- Alineación (izquierda, derecha, centro, justificar)
- Tabulación
- Agregar un enlace web y editar el código fuente

Para ubicar su elemento de texto, puede hacerlo directamente desde el escenario:

- Haga clic en su elemento de texto en el escenario para mostrar las marcas de selección.
- Mueva las marcas de selección para establecer el espacio y la ubicación adecuados.

O ingrese coordenadas en el panel «Parámetros de texto»:

- Haga clic en su elemento de texto en la línea de tiempo.
- Seleccione la opción «Customoption» en la pestaña «Posición».
- Ajuste las coordenadas en los campos x e y.

Para establecer una transición a un elemento de texto:

- Seleccione un tipo de transición en el panel de «Parámetros de texto».
- Asignar transición dentro, fuera o ambos.
- Elija la duración de estas transiciones.

Agregar y editar botones

Para agregar un botón a su secuencia, haga clic derecho en la pista «objeto» y seleccione el botón «Agregar». O arrástrelo de la lista de botones de la biblioteca multimedia.

Klynt le permite elegir entre diferentes tipos de botones para sus enlaces. Haga clic en un botón en la línea de tiempo, la ventana de propiedades del botón aparece en la esquina superior derecha. En la lista desplegable de tipos, seleccione el botón que mejor se adapte a sus necesidades.

Para establecer el tiempo durante el cual aparecerá un elemento de enlace, haga clic en su lado derecho y estírelo según su necesidad. También puede establecer una hora de inicio o una duración utilizando el panel «Parámetros de enlace» (en la parte superior derecha de su ventana).

Puede establecer una transición automática entre dos secuencias. De este modo, al final de la primera secuencia, la segunda comienza automáticamente. Los usuarios no tienen que interactuar con el programa para ver lo que viene después. Con esta característica, puede agregar más fluidez a su proyecto. Para crear una transición automática, debe crear un botón predeterminado y agregar un enlace estándar a otra secuencia. Luego, debe marcar la opción «Transición automática» en el panel de propiedades de este botón.

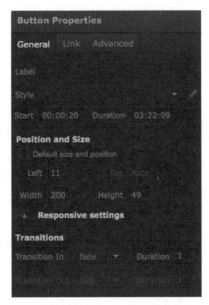

Propiedades del botón

Los botones son elementos fundamentales para la efectiva interacción del usuario con los contenidos multimedia. Es importante apuntar que Klynt ofrece una gran variedad de diseños para implementar en los proyectos. Sin embargo, es cierto que debido a que cada contenido audiovisual es diferente en su naturaleza, lo óptimo sería que el diseñador multimedia pudiera definir sus propios botones, tal como sucede en el caso de que el proyecto sea directamente creado mediante código informático como, por ejemplo, HTML.

El diseño de interacción y la usabilidad en la interfaz (UI –User Interface) son los dos elementos principales que estudia la UX, la experiencia de usuario, el conjunto de factores y elementos relativos a la interacción del usuario con un entorno dispositivo concreto, cuyo resultado es la generación de una percepción positiva o negativa de dicho servicio, producto o dispositivo.

La UX se ha desarrollado enormemente en los últimos años y cada vez aparecen más programas para su desarrollo, como el caso del Adobe XD. Esto nos permite predecir que programas como Klynt integrarán en breve la capacidad de diseñar los propios botones dentro de su entorno, sin necesidad de otro *software* como Illustrator o Photoshop.

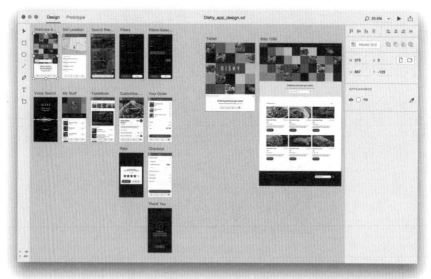

Pantalla de Adobe XD

Agregar y editar enlaces (links)

Cuando conecta sus secuencias en el *storyboard*, los enlaces se crean automáticamente en el editor de secuencias, dentro de la pista «objeto» y se crean como botones por defecto. Sin embargo, puede asignar enlaces a cualquier otro medio en su línea de tiempo. Para agregar un enlace a una imagen, vídeo, texto o forma, haga clic en los medios y en la pestaña «Enlace de la ventana - Propiedades» que tiene por defecto - Ninguno.

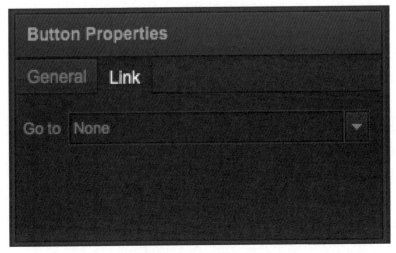

Propiedades del botón – Link

Puede cambiar el destino de su enlace en cualquier momento en la pestaña «Enlace» de la ventana de propiedades del elemento. Puede elegir entre cinco tipos de objetivos:

- Secuencia (predeterminado)
- *Widget* (Menú, Búsqueda, Créditos)
- URL
- Mapa
- Índice

Abrir la secuencia de destino de un enlace

Para moverse entre secuencias, puede abrir directamente la secuencia específica de un enlace. Haga clic derecho en el elemento de la escena o la línea de tiempo y elija la opción «Abrir secuencia de destino».

Crear un enlace a un *widget* (Menú, Búsqueda, Créditos)

Desde cualquier secuencia, puede crear un enlace a un *widget* que se creó previamente a partir de la configuración de su proyecto (menús de índice, menús de mapas, créditos y búsqueda). La duración del tiempo activo del enlace es idéntica a la duración del elemento con el que se ha emparejado.

Para agregar un iFrame a su secuencia, haga clic derecho en la pista «objeto» y seleccione «Agregar iFrame».

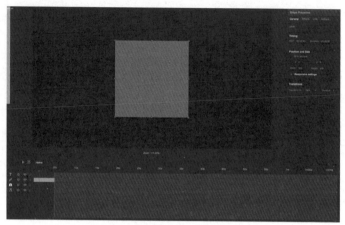

Editor de iFrame

Para editar un iFrame, haga doble clic en el elemento iFrame en su pista «objeto» y agregue el código HTML de su iFrame. Algunas configuraciones son necesarias en este código. Entonces, para hacerlo más fácil, se recomienda utilizar un generador de iFrame en línea como el de 7th Space Interactive.

Para agregar un elemento de forma a su secuencia, haga clic derecho en la pista «objeto» y seleccione «Agregar forma». Se agregará un nuevo elemento en su línea de tiempo y en el centro de la escena.

Crear un área invisible en la que se puede clicar

Las formas pueden ser muy útiles para crear un área clicable sobre otros elementos, como gráficos complejos o incluso vídeos. Para crear un área invisible, cree una forma y luego ajuste su opacidad al 0% en la pestaña «Efectos» del panel de propiedades.

Por defecto, la forma es rectangular, pero puede crear formas redondas al agregar un radio de borde en la pestaña «Efecto».

Agregar y editar efectos de sustitución *(Rollover)*

Para obtener más interactividad en un proyecto de Klynt, ahora puede asignar efectos de renovación a las imágenes, formas, marcos y formas para cambiar su estado cuando un usuario pasa el cursor del *mouse* sobre estos elementos.

Asignar un efecto de *rollover* a una imagen, vídeo, iFrame o forma

Para asignar un efecto de sustitución a una imagen, vídeo, iFrame o forma que se encuentre en su línea de tiempo, simplemente haga clic en la pestaña «Estilo» del panel de propiedades del elemento para seleccionar el tipo de efecto de la lista disponible.

Al pasar el *mouse*, puede cambiar las siguientes propiedades de un elemento:

- Opacidad
- Fondo
- Rotación
- Borde
- Sombra

Para agregar uno de estos efectos en *rollover*, haga clic en el pequeño signo + que se encuentra al lado del efecto y cambie las propiedades.

Propiedades del vídeo/estilo

Establecer la propiedad de animación de *rollover*

Puede definir las propiedades de animación de la imagen cambiante para asignar su duración, el efecto de animación (lineal, facilitar, y desactivar) y seleccionar si la animación es reversible cuando el usuario retira el cursor del *mouse* del elemento.

Importar un archivo Photoshop

Cuando importa un archivo PSD, Klynt realiza automáticamente las siguientes acciones:

- Genera una imagen para cada capa de tu Photoshop e impórtala en tu biblioteca medial.
- Las imágenes llevan el nombre del archivo + nombre de la capa (por ejemplo, «photoshop-file_name_layer_name.png»).
- Crea una secuencia usando el nombre de su archivo PSD.
- Genera una pista para cada capa dentro de su secuencia, ordena y coloca cada capa en su escena de secuencia de acuerdo con su composición original de PhotoShop.

Se importarán todas las capas presentes en su proyecto de Photoshop, incluidas las que están enmascaradas. Klynt también generará un archivo de imagen de cada capa mientras mantiene la transparencia de las capas.

Hay dos formas de importar su archivo:

- Desde el menú de Klynt > Importar un archivo de Photoshop. Luego puede navegar por su computadora para seleccionar el archivo.
- Arrastre y suelte su archivo en un espacio vacío de su guion gráfico.

Composición de foto en la Timeline

Edición interactiva avanzada

Con el nuevo panel de «Edición de interacción», ahora puede activar acciones basadas en el comportamiento de su usuario en cada elemento de una secuencia determinada.

Estas interacciones afectan las propiedades de uno o varios elementos de su secuencia (imagen, vídeo, texto...) en un *rollover*, clic o cualquier evento táctil en otro elemento. A través de estas interacciones, puede, por ejemplo, reproducir un sonido cuando hace clic en una imagen o cambiar el estilo de un elemento cuando se desplaza sobre él, o interactuar con el reproductor (por ejemplo, ir a pantalla completa) cuando hace clic en otro elemento en su secuencia.

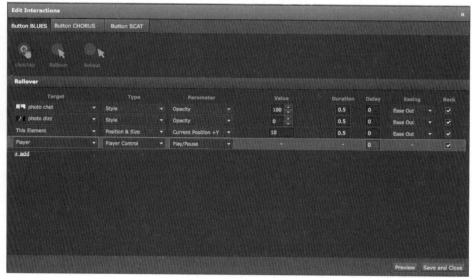

Editor de interacción

Editar la interacción

Seleccione el elemento «fuente» de su interacción. Aquí están las diferentes maneras de hacerlo:

- En escena: haga clic con el botón derecho en el elemento > «Editar interacciones»
- En la pista: haga clic con el botón derecho en el elemento > «Editar interacciones»
- En el panel de interacciones: cuando el panel está abierto, tiene acceso a la etapa y la línea de tiempo de la secuencia. Simplemente haga clic en un elemento para abrir una pestaña dedicada y editar el elemento
- Cmd + I (Mac) o Ctlr + I (PC) cuando el panel está cerrado para abrirse para editar el elemento seleccionado

Elija el tipo de «evento» para activar la interacción:

- Mouse: haga clic, doble clic, rollover, rollout

Luego se crea un nuevo cuadro de edición, donde puede seleccionar el elemento objetivo que se verá afectado, el tipo de acción (estilo, posición y tamaño, etc.), los parámetros, valores, duración, tiempo y suavizado.

Establezca el elemento «objetivo»:

En la lista desplegable, seleccione el elemento de destino que desea afectar. La lista contiene todos los elementos de la secuencia, clasificados por tipo (fotos, vídeos, textos...).

Si el elemento de destino es con el que desea interactuar, seleccione «Este elemento».

Si desea crear una acción en la reproducción del proyecto, seleccione «Reproductor».

Edición de parámetros, tiempos de animación y suavizado

Los tipos de acciones propuestas son diferentes según el tipo de archivo de su objetivo. Es posible cambiar el estilo, el tamaño y la posición de todos los tipos de elementos. Sin embargo, si elige un medio de audio y vídeo, entonces obtiene parámetros adicionales que puede cambiar como las propiedades de reproducción.

Cuando elige un objetivo y un parámetro, el valor predeterminado que aparece es el especificado en la secuencia.

El tiempo de animación se define por su tiempo de ejecución y su retraso (tiempo de espera antes de la ejecución). Estos valores se muestran en segundos.

El suavizado establece el ritmo de la animación (por ejemplo, velocidad constante, ralentización al final, aceleración, rebote...).

▶ 5. El reproductor de Klynt

La plantilla predeterminada del reproductor que viene con las versiones Pro y Student está desarrollada en HTML5 para ser compatible con los principales navegadores de PC, Mac y dispositivos móviles.

Reproductor de Klynt

- Pie de página predeterminado del player
- Enlaces a la secuencia, página web o *widget* elegidos (en este ejemplo: MENÚ (enlace al menú de índice), CRÉDITOS (enlace a la página de créditos)
- Compartir enlace
- Sonido activado / desactivado
- Pantalla completa

Editar el menú de *widget* (índice y mapa)

Klynt le permite ofrecer dos tipos de menús en el reproductor (ambos se pueden usar simultáneamente). Serán accesibles desde el pie de página del jugador de cada secuencia. Estos menús también se pueden abrir desde un enlace creado en una secuencia.

El menú «Índice» (como el menú del mapa) se muestra como una interfaz superpuesta que pausa automáticamente la secuencia que se reproduce. Puede hacer clic en las miniaturas de secuencia de este menú para acceder a diferentes secuencias.

Editar *widget* de Mindmap

El *widget* de Mindmap puede mejorar la inteligencia que su *storyboard* tiene para ofrecer a su público. Es una verdadera herramienta de referencia, porque nos permite comprender la organización de todo el escenario, y además de servir como menú, también permite a los usuarios ver las secuencias que ya han visitado o no. La edición de este *widget* está íntimamente vinculada al guion gráfico y, por lo tanto, es principalmente allí donde puedes editarlo. Sin embargo, la configuración general se puede editar en Configuración del proyecto> Widgets> Mindmap.

En Proyecto> Widget> Mindmap, puede modificar lo siguiente:

• Título del *widget*
• Opciones de pantalla
    – Mostrar la descripción de las secuencias
    – Mostrar o no el proyecto de marca de agua (editable en parámetros de diseño)
    – Mostrar las flechas de enlace
• Tamaño de secuencia y enlaces (este cambio también afectará el tamaño de las secuencias del guion gráfico)
• Secuencia de color y enlaces (este cambio también tendrá un impacto en el color de las vistas en el guion gráfico)

Editar las opciones avanzadas de Mindmap

• Mostrar / ocultar secuencias en el Mindmap:
Para cada secuencia, puede elegir ocultarla en el mapa mental desmarcando esta opción en la ventana de propiedades de la secuencia. Esto lo atenuará en el guion gráfico, pero obviamente será accesible en su proyecto si crea un enlace desde otra secuencia o desde un menú de *widgets*.

• Mostrar / ocultar miniaturas de secuencia en el Mindmap:
Si se muestra una secuencia en el mapa mental, puede optar por no obtener la miniatura, en cuyo caso la secuencia se mostrará como un círculo de color en lugar de la imagen.

- Mostrar / ocultar títulos de secuencia en el Mindmap:
Si se muestra una secuencia en el mapa mental, puede optar por no mostrar el título.

- Mostrar / Ocultar enlaces:
Para cada enlace, puede decidir ocultarlo en el mapa mental desmarcando esta opción en la ventana de propiedades del enlace. Esto lo atenuará en el guion gráfico, pero el enlace permanecerá activo por supuesto.

- Mostrar / ocultar flechas en el enlace:
Para cada enlace (si la opción está habilitada en las opciones del *widget*), puede ocultar la flecha direccional en el mapa mental desmarcando esta opción de la ventana de propiedades de la secuencia.

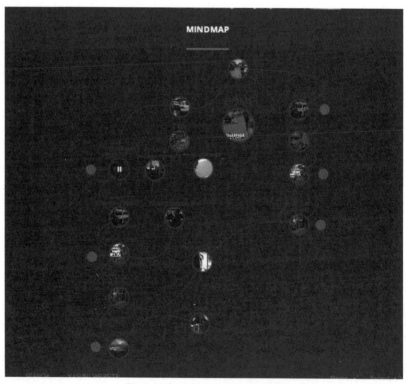

Propiedades de Mindmap

▶ 6. Publicar un proyecto

Revise todo usando la secuencia de comandos (*Script*):
La función de secuencia de comandos es útil si desea obtener una vista lineal de sus secuencias y facilitar la corrección de todos sus materiales escritos antes de su publicación o antes de cualquier proyección de producción.

* Reordenar secuencias
* Exportar como HTML

Crear un *Script*

Para preparar su secuencia de comandos, vaya a «Archivo> exportar secuencia de comandos».
Arrastre y suelte sus secuencias y subsecuencias en el orden deseado de izquierda a derecha.

Exportar un *Script*

Puede hacer clic en el botón «Exportar como HTML» para obtener un archivo HTML imprimible. El archivo contiene:

* Título del proyecto
* Fecha de exportación
* Nombre de inicio de sesión del propietario del proyecto
* Todas sus secuencias y su información, como etiquetas de enlace, secuencia de comandos de texto completo, nombres de archivos multimedia y duración.

Administrar opciones de uso compartido (Redes Sociales, Mini-Player...)
El módulo de uso compartido integrado de Klynt Player hace que sea más fácil para su público compartir su proyecto en las principales redes sociales actuales: Facebook, Twitter, Google +, Linkedin y Tumblr.

Creación de documentales interactivos con Klynt

Uno de los factores de mayor importancia a la hora de crear un proyecto de webdoc es el de comunicarlo y difundirlo a través de Internet de la manera más masiva y efectiva posible. Anteriormente se ha comentado que los creadores audiovisuales digitales tienen la posibilidad de difundir sus obras de forma independiente, prescindiendo de las tradicionales vías de distribución y exhibición. Sin embargo, el trabajo en las redes es crucial para que la obra pueda encontrar su público. En *Producción de cine digital* comentamos ampliamente los mecanismos de promoción *online*, posicionamiento en buscadores, SEO y redes sociales que los cineastas digitales debían controlar a la perfección.

El webdoc, por otro lado, es un tipo de film interactivo pensado directamente para la red, y por ello la importancia de transmitirlo eficazmente a través de esta es una pieza fundamental en el éxito del proyecto. Klynt ofrece directamente la posibilidad de compartir el proyecto en las redes sociales más utilizadas, así como de poder pegar el código HTML del proyecto para poder compartirlo en cualquier blog o página web.

Edite los mensajes predeterminados para compartir

Vaya a «Proyecto> Configuración de uso compartido> Redes sociales». Esta interfaz le permite editar la información enviada a las plataformas de redes sociales cuando el usuario hace clic en un botón para compartir.

La etiqueta, la url, el título y el mensaje se usarán para todas las plataformas, excepto para Twitter, que tiene su propio campo de entrada (cuidado de no superar los 140 caracteres).

Tenga en cuenta que el campo «url» es el enlace oficial para compartir de su proyecto (¡al que desea que se dirija su audiencia!).

El mini player

Mini player

El mini player fue diseñado para permitirle a usted (o a su público) incrustar su proyecto en un formato más pequeño que el tamaño predeterminado de su reproductor. Por ejemplo, si su proyecto está configurado de forma predeterminada para tener 1000 píxeles de ancho y desea incrustarlo en una página de Tumblr de 600 px de ancho, el mini player mostrará una imagen de su proyecto con un título y un subtítulo. Al hacer clic en el botón «reproducir», el usuario abrirá su proyecto a pantalla completa y disfrutará de la experiencia más inmersiva posible.

Tenga en cuenta que el navegador del usuario no permite el modo de pantalla completa (ej. Ipad, Internet Explorer), al hacer clic en el botón «Reproducir» se redireccionará a la página principal de difusión de su proyecto (como se define en «Proyecto> Parámetros de compartir> Redes sociales» (ver arriba).

Editar el mini player

Vaya a «Proyecto> Configuración de uso compartido> mini player». Si lo desea, puede desactivarlo, pero no se recomienda si desea que su proyecto sea compartido. Ingrese el título y subtítulo que desea mostrar en el mini player. Elija la imagen que se mostrará como póster desde su disco duro. Por último, puede editar los textos de ayuda predeterminados que se mostrarán en la interfaz del Mini Player.

Exportar el proyecto para la Web

En el menú principal, vaya a «Archivo> Package for web (Cmd / Ctrl + P)». Esto generará una carpeta actualizada de su proyecto llamado «YourProjectName_Publish_to_web, en su carpeta Documents> Klynt». Esta exportación contiene solo los medios utilizados en su proyecto y todos los archivos que se cargarán en su servidor de medios.

Una vez que finalice su proyecto, debe publicarlo en línea para que cualquiera pueda verlo. Esto implica transferir su carpeta de proyectos Klynt de su ordenador a un servidor web.

Lo primero que debe hacer es revisar la lista de verificación para asegurarse de que su proyecto esté listo para su consulta en línea.

El siguiente paso es encontrar un lugar en línea para poner su proyecto y asignarle una dirección. Esto significa obtener un plan de alojamiento que incluya espacio de almacenamiento en un servidor web y un registro de nombre de dominio. Puede usar OVH, enavn, Go Daddy u otros.

Para transferir sus archivos de su ordenador al servidor web, necesitará acceso FTP. FTP es el protocolo de transferencia de archivos, que es básicamente una forma de transferir archivos de una computadora a otra. Para hacer eso, necesitará un programa de cliente FTP. Mucha gente usa Filezilla porque es gratis y fácil de usar.

Una vez que tenga su nombre de usuario, contraseña y host, puede conectarse y comenzar a cargar sus archivos. Simplemente arrastre y suelte su carpeta «publish_to_web» o su contenido desde su computadora a la carpeta que ha configurado en el servidor web y listo.

Pantalla de webdocs realizados con Kynt

▶ 7. Algunos webdocs destacados realizados con Klynt

(http://www.klynt.net/projects/)

- *Voyage au Bout du Charbon* (2008), de Samuel Bollendorff y Abel Ségrétin
- *The Big Issue* (2009) de Samuel Bollendorff y Olivia Colo
- *The Challenge* (2009), de Laetitia Moreau
- *iROCK* (2010), de Lionel Brouet
- *Steve McCurry* (2011), de Michele Bonechi
- *2300 Miles of America* (2012), de Nyima Marin
- *Iranorama* (2013), de Yann Buxeda y Ulysse Gry
- *Striving for a New Future* (2014), de Emiel Elgersma
- *The Hobby Between Us* (2015), de Berk Kadakgil
- *Weapons and the World* (2015), de Thomas Messerli y Ruxandra Stoicescu
- *The Good Life* (2016), de Meghan Horvath
- *A Whaling Season in Alaska* (2017), de Zoé Lamazou y Victor Gurrey
- *Violon Populaire en Massif Central* (2018), de Olivier Durif - CRMTL
- *DE/GLOBALIZE* (2018), de Daniel Fetzner y Martin Dornberg

5

REALIDAD VIRTUAL Y AUMENTADA

Evolución de la realidad virtual (VR)

En los últimos años la tecnología de grabación audiovisual en 360º se ha desarrollado de forma espectacular, convirtiéndose en una verdadera moda que parece tocar cualquier ámbito del conocimiento. Entretenimiento, educación, arte, ciencia, arquitectura, medicina… Parece que la capacidad de influencia y contaminación de este nuevo lenguaje es absolutamente imparable. Por supuesto, han surgido diversas voces disonantes que acusan al vídeo 360º de ser meramente una moda pasajera que no tendrá un futuro efectivo, y eso además apoyado por los inconvenientes ligados a un modo de visualización que altera totalmente la manera en que estamos acostumbrados a consumir los productos audiovisuales –el casco de realidad virtual, el aislamiento sensorial y auditivo o los modos en que interactuamos con el entorno– siendo a día de hoy un terreno en el que confluyen unas expectativas absolutamente contrapuestas: Acaso un bluf o uno de los inventos con el futuro más brillante que pueda haber, el cual además redefinirá el lenguaje audiovisual tal y como lo conocemos en la actualidad.

Sin duda, la adquisición por parte de Facebook –a través del deseo expreso de su presidente, Mark Zuckerberg– de adquirir la empresa Oculus VR, pionera y líder en el desarrollo de tecnología de realidad virtual en el siglo XXI– ha supuesto un verdadero shock en la percepción de lo que podría suponer en los próximos años una explosión de VR (*Virtual Reality*). La realidad virtual no es por supuesto nueva. Sus orígenes se remontan a la década de los años cincuenta con el Sensorama de Morton Heilig.

Sensorama

El sensorama era una máquina que permitía que el usuario recibiera una serie de mensajes sensoriales –algo que hoy en día se conoce como tecnología multimodal– y que podría considerarse como uno de los primeros inventos multimedia. Su creador, Morton Heilig, vio en el teatro una actividad que podía estimular todos los sentidos del espectador de una forma muy eficaz, especialmente con la integración de pantallas. Llamó a esta iniciativa «experiencia teatral» y detalló su visión del teatro multisensorial en una obra titulada «el cine de futuro». Así, por lo tanto, Heilig se convertía en el pionero de lo que hoy puede considerarse cine multimedia interactivo. El sensorama se construyó en 1962 y ofrecía originalmente cinco cortometrajes que el espectador podía «experimentar». Siendo un dispositivo mecánico es interesante apuntar que la máquina sigue funcionando hoy a la perfección, más de cincuenta años después de su fabricación, lo que nos demuestra que la obsolescencia programada es un (mal) invento extremadamente reciente.

Desde la aparición del sensorama en el mundo multimedia, la realidad virtual ha vivido en una continua evolución de muertes y renacimientos, siendo considerada como la eterna promesa que nunca llegaría a buen puerto. Si en la década de los ochenta el cine tridimensional, con sus características gafas bicolores azul y rojo, trató de integrar ciertos dispositivos interactivos con el efecto de la profundidad 3D, habría que esperar hasta los años noventa para que la popular película *El cortador de césped* (*The Lawnmower Man*, Brett Leonard, 1992), basada en un relato del mismo nombre de Stephen King, relanzar la fiebre y el interés por la realidad virtual.

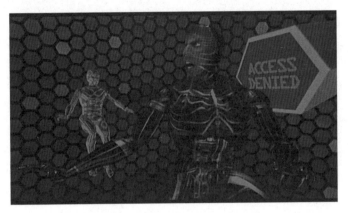

Fotograma de *El cortador de césped*

Diversos intentos por volver a popularizar los sistemas interactivos que ofrecían experiencias de realidad virtual se desarrollaron entonces. Y es muy interesante descubrir como toda una generación de artistas se plantearon en aquel entonces que la VR podía realmente convertirse en un camino privilegiado para la difusión de una nueva experiencia humana. Creadores influyentes como Perry Hoberman o Jeffrey Shaw hicieron un amplio uso de la realidad virtual y de las instalaciones interactivas multimedia a lo largo de su trabajo, presentándolas en museos y centros de arte contemporáneo, así como en universidades y laboratorios de tecnología, en todo el mundo. Sin duda, esta influencia producida por la convergencia del mundo del arte y el de la tecnología habría de ser determinante para el futuro inmediato. Sin embargo, faltaba algo: la capacidad de Internet para transmitir contenidos multimedia a gran escala –es decir, con un amplio ancho de banda que permitiera el intercambio *online* de información digital pesada– lo cual llevaría inexorablemente al medio de la VR hacia una nueva muerte anunciada a finales del siglo pasado.

Instalación de Perry Hoberman

Es interesante destacar que el término realidad virtual se popularizó a finales de los años ochenta por el músico, informático y creador multimedia Jaron Lanier, el cual se convirtió en uno de los pioneros del campo, a la par que una de las mayores influencias en el desarrollo del Internet moderno, mostrando de alguna manera hasta qué punto ambos campos iban a acabar confluyendo. Es curioso observar que en 2018 Lanier ha vuelto a la actualidad por considerar que las redes sociales son justamente nocivas para la sociedad, y ha desarrollado su tesis en un artículo llamado «Porqué debes dejar tus redes sociales (al menos temporalmente)».

La Enciclopedia Británica describe la realidad virtual como «el uso de modelado y simulación por computadora que permite a una persona interactuar con un entorno sensorial tridimensional o algún otro entorno sensorial». Afirma además que «las aplicaciones de realidad virtual sumergen al usuario en un entorno generado por ordenador que simula la realidad mediante el uso de dispositivos interactivos, que reciben y envían información en tiempo real y pueden ser usados mediante dispositivos tales como gafas, auriculares, guantes sensoriales o trajes para el cuerpo».

Guantes de Realidad Virtual

Diferencias entre realidad aumentada (AR) realidad virtual (VR) y realidad mixta (MR)

Según Yúbal FM:

La realidad virtual es un entorno en el que el espectador se sumerge por completo en un entorno virtual. Se trata por tanto de una experiencia sensorial completa dentro de un entorno recreado que no permite ninguna visión del exterior. Para adentrarse dentro de este entorno virtual se necesita, por lo tanto, un dispositivo, en este caso unas gafas de visión y unos auriculares.

Las gafas de realidad virtual están especialmente diseñadas para este propósito, y disponen de una pantalla que se monta justo delante de los ojos del espectador. Existen dos tipos de gafas: las que disponen de su propia pantalla incorporada como en el caso de las Oculus Rift, o las que requieren que se incorpore el teléfono dentro del dispositivo como en el caso de las Gear VR de Samsung.

Generalmente, las gafas en las que la pantalla es el propio móvil, el *smartphone* realiza también las funciones del ordenador que gestiona todo aquello que el espectador está experimentando. Los demás modelos suelen conectarse a un ordenador portátil que se encarga de procesar y presentar la totalidad del entorno virtual.

Las gafas de realidad virtual cubren los ojos del usuario de tal forma que este solo puede visualizar lo que aparece en la pantalla. Disponen de unos sensores –basados en el giroscopio del dispositivo– que reconocen el movimiento de la cabeza del usuario, de manera que cuando este la gira hacia un lado u otro, se realiza el mismo movimiento dentro del mundo real y el mundo virtual. El hecho de disponer también de auriculares permite que la sensación de inmersión sea aún más verdadera.

Al utilizar las gafas de realidad virtual, estos auriculares ayudan al usuario a orientarse sabiendo de qué dirección vienen los sonidos, mientras que moviendo la cabeza este puede moverse también dentro del mundo virtual. Existen distintos dispositivos como mandos o controladores que permiten al usuario interactuar con los objetos y dentro del entorno virtual.

La realidad aumentada o AR ofrece al espectador una visión del entorno, generalmente captada mediante la cámara de un dispositivo móvil, que le permite decir todo lo que se encuentra a su alrededor, pero enriqueciéndolo con objetos y mensajes digitales. Estos objetos, animaciones y datos se superponen a los objetos captados por la cámara mediante un proceso técnico del reconocimiento de patrones visuales llamado *tracking*.

De esta forma es posible, por ejemplo, saber cómo quedarían distintos muebles dentro de una habitación, una herramienta que arquitectos o empresas inmobiliarias ya usan ampliamente. Se puede también utilizar como herramienta de entretenimiento tal como sucede con la aplicación *Pokémon Go*, una heredera directa de la menos conocida *Ingress*, que supuso un verdadero hito dentro de la tecnología que combinaba realidad aumentada y geolocalización.

Para lograr este efecto de mezcla entre el medio real y el medio digital se suelen utilizar dispositivos móviles o gafas especialmente diseñadas para el propósito. Uno de los proyectos más populares, en este sentido, son las Google Glass, unas gafas provistas de una pequeña pantalla transparente que permite añadir información visual sobre aquello que está viendo en tiempo real el usuario. Muy en la línea de los visores que incluyen datos y gráficos –una estética cercana a los cíborgs ochenteros tipo Terminator– las Google Glass ofrecen información vinculada a la realidad del entorno en combinación con una conexión Internet y un dispositivo de geolocalización.

Es necesario disponer de una conexión potente, puesto que la gestión de datos en tiempo real es muy pesada. Si bien los dispositivos pueden implementar una CPU que procese datos y gráficos, la inminente llegada de la tecnología 5G hace prever una inmensa popularidad de la realidad aumentada, algo que no parecía muy probable tras el aparente retroceso de Google de su proyecto de Google Glass.

Los *smartphones* más recientes desarrollados tanto por los líderes del mercado como Apple o Samsung, así como sus competidores chinos más directos, ofrecen cámaras perfectamente adaptadas a la realidad aumentada, y además gestionan de forma brillante los elementos digitales que se incrustan en la pantalla.

Actualmente, la tecnología de realidad aumentada centra toda su atención en la imagen y, por lo tanto, descuida bastante el sonido, lo cual podría cambiar en un futuro próximo siempre que se mantenga el interés creciente por estas aplicaciones.

La realidad mixta o MR viene a ser un cruce entre la realidad virtual y la realidad aumentada. Se trata de un entorno que busca hacer confluir ambas experiencias para que estas puedan ser usadas individualmente o en combinación. La relativa juventud de este lenguaje hace que la realidad mixta sea aún la menos explorada de las tres.

La idea principal que guía este método es la de poder interactuar con objetos reales dentro de un entorno virtual, estando inmersos en un mundo artificial. Esto permitiría, por ejemplo, realizar operaciones de ingeniería o de medicina en un espacio virtual, pero utilizando dispositivos y mecanismos reales a distancia. Un cirujano podría operar a un paciente o un ingeniero podría mejorar aspectos de una construcción sin estar presente en el lugar.

Si bien los desarrollos actuales se centran mayoritariamente en las dos primeras tecnologías, es muy probable que a la larga la realidad mixta no solo se convierta en la más popular de las tres, sino que además llegué a ser fundamental dentro de las sociedades de nuestro futuro más próximo. El hecho de que empresas como Apple o Microsoft estén apostando fuertemente por esta tecnología nos permite intuir un más que probable triunfo en muy poco tiempo.

Desarrollo de la realidad virtual en la actualidad

La evolución de la tecnología VR en los últimos tiempos ha supuesto una clara popularización de este medio, especialmente por la capacidad de haber hecho disponibles sus dispositivos para el público general, siendo el más utilizado el casco de realidad virtual.

La industria del videojuego de finales de los ochenta y principios de los noventa dio un nuevo empujón a esta tecnología, con lanzamientos como la Sega VR o la Virtual Boy de Nintendo, que intentaban trasladar al usuario en el centro de la aventura con unos dispositivos algo rudimentarios, y que tuvieron un éxito comercial escaso.

Nintendo Virtual Boy

Sin embargo, en el momento en que el mundo del videojuego parece dominar cada vez más el entretenimiento, la tecnología VR promete cambiar la manera cómo consumimos esos contenidos.

De forma casi fortuita, Google sentó las bases de lo que los contenidos en realidad virtual podrían suponer mediante su aplicación Street View. Este entorno permite a los usuarios navegar a través de carreteras y autopistas del planeta, moviéndose libremente en la pantalla mediante el ratón.

La evolución de los *smartphones* que incluyen nuevas capacidades a un menor coste, e integran herramientas como giroscopios o acelerómetros, ha permitido que la aplicación se traslade de la pantalla del ordenador al dispositivo móvil.

La revolución de las Oculus

Tal como ya venía siendo usual, la entrada en el siglo XXI mantenía a la tecnología de realidad virtual en una clásica incógnita que muchos daban ya por perdida. La aparición en 2010 del proyecto de Palmer Luckey, un joven desarrollador con un marcado interés por la ingeniería, iba a convertirse en todo un fenómeno.

El emprendedor diseñó la primera versión de Oculus Rift, un dispositivo visual que ofrecía al usuario un sorprendente ángulo de visión de más de 100 grados.

Primera versión de Oculus Rift

El proyecto no tardó en convertirse en un diamante en bruto para los Business Angels centrados en la tecnología. El mismo Luckey lanzó en 2012 una campaña de financiación en la plataforma de Crowdfunding Kickstarter, requiriendo un cuarto de millón de dólares para financiar la producción de sus primeros prototipos. En pleno auge de la segunda revolución de las tecnológicas –tras el pinchazo de las dot com– la mayoría de inversores estaban obsesionados con detectar a tiempo el invento que se convertiría en un *game changer,* al igual que lo fueron en su momento YouTube, Facebook, Instagram o Whatsapp. Este fenómeno es posiblemente el que mejor define el actual éxito, así como la fascinación que ejerce la tecnología de realidad virtual en la sociedad digital.

El proyecto vivió un éxito atronador. Recaudó más de diez veces el importe solicitado en la plataforma de *crowdfunding.* Tras sus primeros años ofreciéndolos a desarrolladores, Mark Zuckerberg compró la empresa por 2.000 millones de dólares, factor que hace visible las enormes posibilidades del medio, el cual podría convertirse en un verdadero paradigma de las relaciones humanas del nuevo siglo.

La competencia no tardó en fijarse en la popularidad del nuevo invento, y al igual que la carrera feroz que existe dentro de la telefonía móvil, las grandes empresas tecnológicas como Samsung, Microsoft o HTC empezaron a desarrollar y presentar al mercado sus propias versiones de los cascos de realidad virtual. En el año 2016 el mercado vivió una verdadera explosión en términos de nuevos inventos ofrecidos al gran público. Y de la misma forma que la tecnología se avanza a los contenidos –siguiendo el concepto de Marshall McLuhan *el medio es el mensaje*– la frustración sobrevino porque a menudo la popularidad del medio no se encontraba a la altura de las expectativas que este había generado.

Tipos de gafas de realidad virtual

El dispositivo central de la experiencia de realidad virtual son las gafas VR. Estas funcionan como un casco que el usuario se pone delante de los ojos y que disponen de un visor en forma de dos pantallas.

Este dispositivo incluye sensores como el giroscopio, que permiten que los movimientos de la cabeza se reflejen en aquello que es mostrado por la imagen del casco, permitiendo, de esta manera, que la sensación inmersiva genere en el espectador la ilusión de encontrarse en el centro de la escena.

Si bien la mayoría de aplicaciones actuales son generadas con imágenes 3D o CGI, en el caso del vídeo se pueden utilizar cámaras de filmación en 360° que permitirán al espectador disfrutar del punto de vista del objetivo, pero moviendo libremente la cabeza para explorar la escena que se encuentra a su alrededor.

Existen en la actualidad dos tipos de gafas de realidad virtual: aquellas que disponen de un visor incorporado y las que utilizan la pantalla del teléfono móvil para recrear la visión del entorno 360°.

Son las de este segundo grupo las que han favorecido la creciente popularidad de la tecnología. Por un lado, por el hecho de ofrecer las aplicaciones para un dispositivo que poseen cientos de millones de usuarios y, por otro, por la presentación al público de *gadgets* verdaderamente simples como son las Google Cardboard.

Es obvio que la sensación de realismo que ofrecen las Oculus no puede compararse con un invento tan simple como una caja de cartón en la que se inserta un móvil, pero el truco –un invento que nació prácticamente como una broma del laboratorio de innovación de Google– ha permitido que la tradicional barrera de coste económico de la nueva tecnología se haya pulverizado en un tiempo récord.

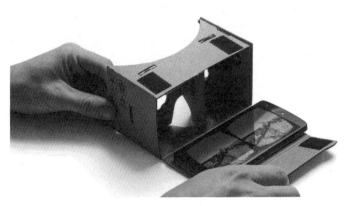

Google Cardboard

Otros dispositivos de incorporación del teléfono móvil son más sofisticados. Incorporan lentes ajustables y un diseño ergonómico a la par que atractivo. De forma lógica, Oculus ha desarrollado un *partnership* con Samsung para desarrollar este tipo de producto.

En el lado de los contenidos, tiendas de aplicaciones como App Store, Google Play o Samsung ofrecen multitud de aplicaciones VR de descarga gratuita.

Las Samsung Gear VR incluyen además sensores más sofisticados que permiten una mejor experiencia del entorno de realidad virtual. Sin embargo, estas requieren de modernos y caros teléfonos tipo Samsung Galaxy para un completo disfrute de sus capacidades.

La unión de fuerzas entre Oculus –ahora de Facebook– y Samsung permite vislumbrar un futuro inmediato cargado de nuevas y asombrosas aplicaciones en este campo.

Samsung Gear VR

Los cascos VR con su propio visor han visto el favor de grandes tecnológicas como, por ejemplo, la PlayStation VR, que se conecta a su popular consola PS4 para ofrecer videojuegos en una pantalla de alta calidad con un campo de visión de más de 110°.

Playstation VR

El HTC Vive es el producto de una compañía taiwanesa que se ha centrado con fuerza dentro de la realidad virtual. Este dispone además de unos mandos con sensores que le permiten al usuario no solo moverse en el entorno, sino además manipular objetos 3D dentro de este.

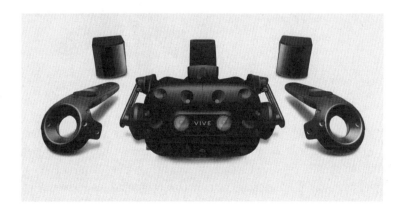

HTC Vive

Curiosamente, parece que la empresa pionera del campo, Oculus Rift, se ha quedado algo atrasada en la carrera por conquistar al usuario, en parte por su coste elevado. En ese sentido, el propio Mark Zuckerberg se presentó en una sala de conferencias del Mobile World Congress de Barcelona repleta de congresistas con gafas Oculus, apareciendo como un verdadero rey en el reino de los ciegos. Sus altísimas expectativas tuvieron su coste: encarecimiento del proceso de producción, necesidad de equipos informáticos de alto rendimiento y, por lo tanto, una clara limitación en el acceso a los mismos por parte del gran público. Estos factores han hecho percibir a la compañía como exclusiva y limitada a un pequeño grupo de seguidores, en general del entorno profesional.

Oculus Rift 3

Los avances tecnológicos permiten que el viejo sueño de permitir que un espectador viaje al centro de una escena audiovisual, e incluso interactúe con los elementos que le rodean se haga realidad. Y si los actuales inventos pueden parecer aún algo limitados –y ya no rudimentarios como en el pasado– su popularidad hace presagiar un asombroso auge en el futuro inmediato.

Es muy interesante observar cómo el lenguaje más adaptado a esta nueva tecnología es aún evasivo. No sabemos si las preferencias de los desarrolladores se orientarán más hacia el entretenimiento, la ciencia o la educación.

Y, sin embargo, nuevos sectores como la ingeniería y la arquitectura –que permiten realizar visitas virtuales en sus obras–, el comercio *online* –probar ropa, objetos o dispositivos–, o la medicina –que la utiliza para proponer tratamientos contra fobias y demás patologías– parecen anunciarnos que la realidad virtual formará parte de nuestra vida cotidiana dentro de un periodo de tiempo muy breve.

En 2018 Oculus presentó su nuevo casco Oculus Go con un precio mucho menor, un evento que indica que el *Big Business* confía plenamente en el éxito de su nueva criatura tecnológica.

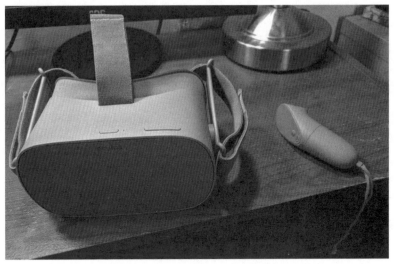

Oculus Go y Oculus Go controller

De la misma forma que las Samsung Gear VR o las Google Daydream, este dispositivo no se conecta mediante cable a la computadora, ni necesita de un entorno aplicativo para ofrecer las experiencias como un *smartphone*. Utilizando la tecnología sin redes permite conectarse a un servidor remoto para ofrecer el contenido.

La creación de Oculus Studios, compañía dedicada a la producción y desarrollo técnico al servicio de empresas creadoras de experiencias VR, y en la que Facebook ha invertido más de 500 millones de dólares, está ya dando sus frutos ofreciendo notables contenidos multimedia.

Aplicaciones para visionar realidad virtual

- YouTube VR.
- VR Player: aplicación móvil que permite reproducción tanto en 2D como en 3D. Posee una versión gratuita y una versión prémium, y permite reproducir contenido propio y en *streaming*. Se puede usar con el mouse y el teclado, incluso con comandos de voz. Se puede usar además la propia cámara del dispositivo para realizar vídeos y fotografías en 360°.
- VR Gesture Player: reproductor que permite interactuar con la cámara del *smartphone*, permitiendo usar las manos a la manera de un puntero de mouse, mediante la tecnología de *tracking*, en la línea de las consolas de videojuegos con detección de movimiento. Permite reproducir contenido en 2D y 3D, así como vídeos en 360° de YouTube.
- VRTV Player Free: aplicación gratuita que permite sincronizar la experiencia con otros usuarios, lo cual cambia la tradicional forma solitaria en que se experimenta la realidad virtual. Posee también una versión prémium.
- AAA VR Cinema: aplicación que permite reproducir vídeos en HD y sin limitación de duración. Permite además utilizar la aplicación InstaVR para la creación de contenido propio en realidad virtual.
- CMoar VR Cinema: aplicación compatible con Oculus Rift y HTC Vive. Permite al espectador situarse en una sala de cine de calidad 4K, ofreciendo una experiencia audiovisual de máxima calidad con una sensación hiperrealista, la cual incluye además la posibilidad de elegir la butaca desde la que se quiere visionar la película. El popular reproductor multimedia VLC está detrás de esta iniciativa, lo cual nos permite intuir un claro interés por los contenidos en 360°.

Aplicación visor de realidad virtual

6

EL CINE EN 360°

El cine inmersivo

La vorágine en la que se encuentra la realidad virtual ha impactado de forma obvia a la industria audiovisual. Esta encuentra en la nueva tecnología camino abierto y fértil para desarrollar nuevos productos y formatos que puedan seducir al espectador y, como ya hemos visto con anterioridad, combatir una crisis ya antigua que se ha visto enormemente agravada por el auge de Internet y de los medios digitales. El cambio en la forma de conseguir audiovisual en el siglo XXI, la multiplicidad de pantallas y *displays* o la piratería son solamente algunos de los retos a los que se enfrenta el cine y el vídeo tradicional. Y así como los vídeos interactivos de YouTube, los webdocs o las narrativas transmedia han generado todo tipo de expectativas y nuevos productos, la nueva y renovada popularidad de la realidad virtual no es diferente.

Pantalla de película en VR

Y de alguna manera esta nueva posibilidad técnica ofrece al lenguaje cinematográfico la posibilidad de hacer verdadero su viejo sueño: el poder situar al espectador en el centro de la acción. Desde un punto de vista lingüístico, la filmación audiovisual en 360° se logra mediante unas cámaras especializadas, generalmente equipadas de grandes objetivos, que captan el entorno en su totalidad. De esta manera, la cámara se encuentra en el centro de la acción que se quiere filmar y el resultado de esta grabación puede ser posteriormente visionado mediante dispositivos como las gafas, dispositivos móviles o incluso en el ordenador.

Por supuesto, al filmar la totalidad de la escena no existe el concepto de cuarta pared –aquel que en el lenguaje cinemático tradicional es invisible al espectador porque es el lugar en el que se encuentra la cámara y el equipo de rodaje– y, por lo tanto, depende del espectador descubrir cómo es la escena moviendo la mirada dentro de una esfera virtual que muestra todo el entorno. Así pues, la cámara VR se asemeja a un ojo que mira todo el entorno, y posteriormente el espectador se situará en la posición de este ojo y tendrá la opción de mirar en la dirección que desee.

Cámara 360°

Por supuesto, este tipo de filmación altera notablemente el lenguaje audiovisual. Ya sea en un campo de 360° –una mirada global a todo lo que rodea la cámara, tanto la parte superior e inferior como la totalidad de la esfera que la rodea– o únicamente en 180°, lo cual se asemeja más a la mirada humana, nos encontramos en un entorno en el que el público decide donde quiere mirar. Al igual que las decisiones de libre albedrío que este puede mostrar en un vídeo interactivo, aquí es imposible prever con anticipación cuáles serán sus movimientos. Por otro lado, uno de los cambios más radicales respecto al lenguaje cinematográfico convencional es que en el lugar del montaje y de la secuencialidad con la que un realizador presenta una escena al espectador, aquí el montaje se realiza mediante la mirada del público, el cual decidirá qué es lo que quiere ver en cada momento. El lenguaje del montaje, el cual está vinculado a la realización cinematográfica, emula esta selección en el objeto observado por parte del público.

En su libro *En el momento del parpadeo* el famoso montador cinematográfico Walter Murch –responsable del montaje y montaje de sonido de películas como *La Conversación*, *El Padrino* o *Apocalypse Now*– hacía un símil entre el acto humano de mirar a su alrededor mediante rápidos movimientos y selecciones de aquello que quiere ver, y el propio lenguaje del montaje audiovisual, el cual se basa en crear este patrón de mirada progresiva para seleccionar aquello que el público debe ver. En el caso del vídeo en 360° la sustitución del montaje desaparece, y de nuevo un espectador puede mirar una escena representada de la misma manera que mira la realidad, sin tener que intermediar ningún factor externo ni ningún mecanismo secuencial particular.

Está asunción es, por supuesto, muy polémica y de manera inmediata ha creado bandos de entusiastas y detractores que suelen defender sus posturas con la máxima vehemencia. Dos de los principales reproches que le hacen a la tecnología del cine inmersivo son las de destrozar la riqueza del lenguaje cinematográfico, desarrollado durante más de un siglo, y causar al espectador una sensación de agobio y cansancio que las pantallas tradicionales no provocan. Sea como fuere podemos deducir fácilmente que existe un conflicto generacional en cuanto al uso de las nuevas tecnologías y, de la misma forma que los dispositivos móviles se han apropiado de prácticamente cualquier ámbito de nuestra vida, podemos imaginar fácilmente que muchos de los nuevos inventos del universo digital dejarán de lado a las generaciones más antiguas, centrándose principalmente en los individuos más jóvenes, los cuales obviamente representan la totalidad del público del mañana.

Menú de contenidos Oculus

https://www.Youtube.com/channel/UCzuqhhs6NWbgTzMuM09WKDQ

El lanzamiento del canal de VR en YouTube supuso un gran paso adelante en la popularización del medio. Tratándose de una plataforma que absorbe alrededor de 1/3 del tráfico mundial de Internet, la exposición de los nuevos contenidos de realidad virtual y vídeo ya se han colado en todos los ordenadores y dispositivos móviles, y es difícil a día de hoy encontrar a alguien que no haya experimentado por lo menos una vez algún tipo de experiencia VR. Y si bien se repiten algunas constantes, como, por ejemplo, mareos, malestar, pérdida de sentido espacial o simplemente desinterés por un tipo de representación que supera de alguna forma aquello que uno está dispuesto a tolerar, lo cierto es que la realidad virtual se mantiene, después de numerosos años de contienda, en una forma extraordinaria y causando más expectativas que cualquier otra tecnología del campo audiovisual.

La posibilidad de lograr el viejo sueño de trasladar al espectador en el centro de la acción y la historia parece hoy un destino alcanzable. Si bien la tecnología es aún incipiente –en comparación con la calidad de la técnica audiovisual convencional– no podemos negar que en los últimos años el salto tecnológico de la realidad virtual y la realidad aumentada ha sido verdaderamente extraordinario. Y si aún ahora algunos usuarios pueden considerar que la definición es un tanto limitada, la inminente llegada del 8K a esta tecnología marcará un antes y un después que promete revolucionar por completo la experiencia inmersiva.

En un momento en que cualquier televisor doméstico ya permite alcanzar unas resoluciones de 4K, y eso mucho después de que la industria haya sido capaz de producir masivamente contenidos en dicha resolución, con frecuencia olvidamos que aquí los que crecimos durante la década de los ochenta nos acostumbramos a ver películas en el glorioso formato VHS. Como ya hemos comentado anteriormente la cinta de vídeo VHS fue una verdadera revolución para el arte cinematográfico, puesto que de alguna manera ponía la primera piedra en un camino que habría de transformar por completo la manera en que el espectador puede consumir cine. Aún así, de ver hoy aquella triste imagen analógica, a menudo habiendo perdido varias generaciones por culpa de las copias y con una modesta resolución Pal, sentiríamos pavor en la era del HD ante tanta miseria tecnológica. Pero la evolución también es amnésica, y lejos de sorprendernos y celebrar las extraordinarias calidades a las que podemos llegar por los precios verdaderamente irrisorios, tendemos a acostumbrarnos a ello y reclamar cada vez más, a la par que despreciamos cualquier tipo de nuevo evento que no se encuentre a la altura de nuestras renovadas exigencias.

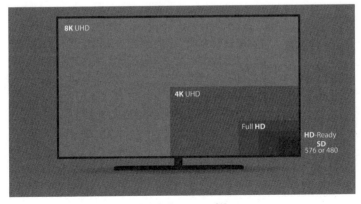

Pantalla curva 8K

Sea como fuere los cascos de VR evolucionan a una velocidad vertiginosa, y ya se encuentran a punto de ofrecer la misma resolución que los monitores convencionales. Si a esto le sumamos las fantásticas capacidades sonoras, la interacción con el entorno y muy especialmente los contenidos que renuevan completamente los viejos y repetitivos formatos audiovisuales a los que les cuesta cada vez más sorprender al espectador actual, nos encontramos seguramente ante un ingenio que cambiará por completo el lenguaje y la industria audiovisual.

Como hemos comentado anteriormente, existe una creciente relación entre el cine y el videojuego, de la misma manera que los límites entre el audiovisual tradicional y el interactivo (o multimedia) se hacen cada vez más transparentes. Esta continua desaparición entre la frontera de los formatos audiovisuales lineales y los interactivos, así como la creciente digitalización de la sociedad, la cual ha cambiado por completo sectores como la educación o el entretenimiento, nos demuestra hasta qué punto los nuevos medios se van a popularizar de forma espectacular en el futuro inmediato, transformando radicalmente aquello a lo que aún hoy llamamos cine.

La filmación 360°

De forma un tanto generalista podemos afirmar que la realización de vídeos en 360° es, como hemos comentado con anterioridad, una aproximación hacia el terreno del audiovisual interactivo. En efecto, aunque podamos encontrar innumerables vídeos en el nuevo canal 360° de YouTube, y eso únicamente por citar una de las fuentes más potentes en cuanto al contenido de acceso gratuito y *online* se refiere, rápidamente nos daremos cuenta de una serie de cambios muy notables que marcan una diferencia extraordinaria con el vídeo convencional.

Vídeos de aventuras, musicales, educativos, conciertos, entrevistas, espectáculos, documentales o cine de terror: no existe género alguno que el vídeo inmersivo no pueda tratar —y basta con darse cuenta de que uno de los géneros más basados en la explotación que existe, el porno, ha sido como en muchos otros casos pionero en el uso de la tecnología 360°–. Sin embargo, hay que tener muy en cuenta no solamente que sus reglas y su modo de producción es extremadamente distinto a la producción tradicional, sino que aquello que se puede presentar al espectador es aún hoy incipiente, por lo que se puede deducir que vivimos aún en un momento de experimentación, y que de los resultados que el público vaya encontrando en los próximos meses y años surgirá la definición más sólida de lo que este género –a la par que tecnología– puede ofrecer a la sociedad.

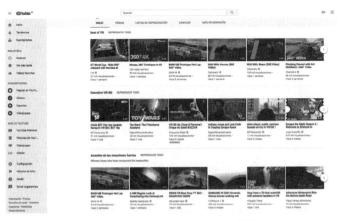

Menú del canal de Youtube 360°

Teniendo en cuenta, sin embargo, su increíble potencial en el plano interactivo, el modo de filmación con cámaras de 360° posee sus propias reglas y limitaciones. Como hemos dicho la filmación de vídeo en realidad virtual sitúa la cámara en el centro de la escena. Al hacer desaparecer la cuarta pared también desaparece la posibilidad de que el equipo esté presente en el set. Este debe esconderse y utilizar dispositivos de visualización para ver lo que la cámara está captando en tiempo real, pero siempre desde una posición oculta, lo que cambia de forma extraordinaria el método de realización tradicional. A la par de la ausencia del equipo en el área de filmación, es obvio que el resto de material convencional en un rodaje como iluminación, grúas, *travelling*, material eléctrico, etc., tampoco puede estar presente dentro de la escena, pues la cámara graba absolutamente TODO lo que encuentre en su campo de visión.

Sin duda, la anulación de la cuarta pared representa el doble cambio más radical en este tipo de obra audiovisual. Por un lado, el realizador no puede ofrecer al espectador una serie de planos concretos, construidos en base a una narración audiovisual clásica, ya que será el mismo espectador el que decidirá si mueve o no su mirada para explorar aquello que le está rodeando. Por supuesto, además existen diversos dispositivos, como ya hemos dicho, para visionar el cine 360°: cascos de realidad virtual, dispositivos móviles, tabletas y ordenadores; y como veremos cada uno de ellos además transforma la manera en la que se visiona la pieza, añadiendo así un importante factor de aleatoriedad en la manera en que el público se confrontará a la película.

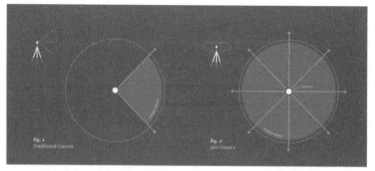

Esquema de una filmación con cámara de 360°

Y, por otro lado, el no poder estar presente dentro de la escena requiere de todo tipo de mecanismos que alteran por completo el modo tradicional de realizar una película. Esta nueva relación con la cámara aporta también una serie de problemas que pueden asemejarse a todos aquellos grandes inventos que han llevado el cine a dar un paso adelante. El sonido o el color fueron innovaciones que en su momento dieron obras erráticas o imperfectas por el desconocimiento técnico y lingüístico sobre su propia naturaleza. En el caso de la realidad virtual no es diferente, y es común encontrarse con defectos que tienen que ver con esta nueva cámara que filma en todas direcciones y cuyo resultado será observado por el público con libre albedrío. A modo de ejemplo, podemos mostrar aquellas primeras filmaciones de prueba en las que la pequeña cámara –a menudo del tamaño de una naranja– se sitúa directamente en un pequeño trípode en el centro de una mesa, siendo observada por los comensales que la rodean. Es interesante entonces darse cuenta como con el resultado el punto de vista se asemeja más al de un insecto muy pequeño que se encontraría en medio de la mesa rodeado por unos gigantes.

Punto de vista miniaturizado

Otra cuestión de vital importancia para la realización de una película de 360° es la de encontrar el mejor modo para «dirigir» la mirada del espectador. Imaginemos un entorno en el que podemos mover la mirada a nuestro alrededor, de la misma manera que sucede en la realidad, y sin ningún tipo de desplazamiento, puesto que la cámara es estática. Si a nuestro alrededor empiezan a suceder una serie de acontecimientos o movimientos de actores, tendremos la tendencia a seguir la acción principal para descubrir qué es lo que está sucediendo y qué es lo que va a suceder después. Sin embargo, esta idea aparentemente simple no lo es tanto en el momento en que diversas acciones suceden de forma simultánea. Para solucionar este problema los cineastas de realidad virtual prueban todo tipo de estrategias: desde utilizar el sonido –a menudo grabado mediante un micro de sonido binaural que permite una recreación del sonido espacial con unos simples cascos estéreo– hasta integrar gráficos en la escena que «guían» la mirada del público.

Flechas de indicación en una escena 360°

Como decíamos todas estas técnicas forman parte de una investigación en curso que busca dar con la mejor solución posible para la representación audiovisual en un entorno inmersivo. Y, aunque en los últimos cuatro años se han desarrollado de forma excelente muchos de
estos recursos, aún nos encontramos ante unos retos formidables, ya
que la novedad del lenguaje y su tecnología aún no ha establecido una
norma clara y definida.

Podemos apreciar una serie de puntos que a modo de esquema nos
permitirán adentrarnos en la técnica de la filmación en 360° evitando
los principales problemas propios del inicio en la experiencia.

Desaparición de la cuarta pared: al encontrarnos con un dispositivo
que filma en todas direcciones, generando una especie de «esfera» dentro de la cual se situará el espectador, no podemos utilizar los procedi-
mientos tradicionales de producción audiovisual, teniendo que ocultar
el equipo y la mecánica de la zona de grabación.

La cámara en 360° ofrece un punto de vista global que posteriormente el espectador recuperará mediante algún dispositivo de visualización. En ese sentido es importante tener en cuenta que esa cámara
sustituye a la mirada del público, de la misma manera que lo hace una
cámara, pero en este caso sin la posibilidad de guiar mediante la realización y el montaje, secuenciando planos de distinto valor –generales,

medios, primeros planos, etc.– y dependiendo totalmente de la decisión del espectador, el cual mirará el entorno con libre albedrío.

El hecho de que la cámara se convierta en un punto de vista determina de forma muy clara el posicionamiento del espectador. Si esta se sitúa en un plano demasiado bajo o demasiado alto, la sensación resultante será la de convertirse en un enano o un gigante. Dependiendo de la escena a filmar es importante determinar la altura del trípode para que este sea lo más parecido a un punto de vista humano y realista. No olvidemos que el cine inmersivo se basa en una capacidad de exploración del entorno, y que, por lo tanto, vulnera intensamente las reglas tradicionales de lenguaje audiovisual, puesto que no se puede determinar de antemano qué es lo que va a mirar el espectador. Hay que estar preparado para ofrecer todas las visiones posibles, simplificando al máximo los posibles errores pasados en planos demasiado complejos o expresivos.

Cámara de 360° montada en un trípode

La cámara de 360° se compone de una serie de objetivos que tratan de abarcar el máximo campo posible, siendo aquellas con menos lentes las más baratas, puesto que las ópticas encarecen enormemente esta tecnología. Para poder captar la máxima área estas cámaras utilizan lentes de gran angular lo cual distorsiona el entorno filmado. Si bien la posproducción corrige la distorsión provocada por los grandes angulares, es importante saber que la cámara requiere que no pueden entrar actores objeto, ya que de situarse a una distancia demasiado próxima a la misma, la distorsión en la grabación sería tan grande que no se podría corregir en posproducción.

La posibilidad de guiar el espectador puede realizarse mediante una serie de técnicas diversas: sonido envolvente (binaural), textos o gráficos incrustados dentro de la escena y que indican al espectador hacia dónde debe mirar, o incluso mediante el propio guion de la acción que invite en función del desarrollo de los eventos a que el público se dirija al lugar que le interesa al realizador. Más adelante, hablaremos con detalle de este tipo de técnicas y estrategias para lograr una narración fluida y efectiva dentro del entorno inmersivo.

El vídeo en 360°, aunque ofrece una experiencia «realista» al espectador, también produce una serie de reacciones fisiológicas indeseadas, como pueden ser mareos, pérdida del sentido de la orientación o confusión general. No es raro que los usuarios una vez se coloquen las gafas de VR traten de «andar», tal es poderoso el efecto de sugestión que les hace creer que se encuentran en una escena. Este es un problema interesante que también analizaremos más adelante, puesto que de alguna forma entronca con la experiencia propia de los videojuegos, y tal como comentábamos anteriormente es justamente dentro de esta confluencia entre audiovisual y videojuego donde puede encontrarse la esencia misma del cine 360°.

La filmación en 360° implica que el espectador sea una pieza «activa» de la obra, es decir, que deberá mover la cabeza y explorar la esfera exactamente de la misma manera que lo hará en la realidad. De esta forma se altera absolutamente el concepto de audiovisual convencional en el que el espectador simplemente mira hacia una pantalla y puede tal vez mover los ojos, pero nunca realizar movimientos como girarse 180° para mirar a su espalda o mirar hacia el cielo o hacia sus pies. Este modo de explorar activamente la pieza audiovisual también produce unos efectos sensoriales que pueden causar malestar debido a la alteración de la percepción.

Si al movimiento que esperamos que efectúe el espectador le añadimos otros movimientos tradicionales de la cámara cinematográfica, tales como *travellings* o incluso vuelos efectuados con drones –damos por sentado que no se pueden hacer panorámicas, puesto que al filmar la totalidad del entorno la panorámica será realizada directamente por el

espectador al explorar la escena–, añadiremos un elemento de complejidad que puede convertirse en malestar y rechazo en el público. Este
tipo de movimiento, absolutamente normal en nuestra realidad cotidiana, se muestra aún difícil para los actuales dispositivos de VR. Por falta
de refresco de la imagen, baja resolución o frecuencia de fotogramas, el
desplazamiento de la cámara produce efectos muy molestos y de gran
confusión. Aunque estos no tengan por qué ser evitados, es interesante
limitarlos con vistas a producir una experiencia placentera.

Cámara de 360° montada en un dron

La cuestión del montaje es también uno de los factores más complicados a la hora de realizar una película en 360°, y muy especialmente
teniendo en cuenta la increíble fragmentación y rapidez de planos a la
que el cine de hoy en día nos tiene acostumbrados. En el caso del cine
inmersivo el espectador tiene que descubrir por sí mismo el entorno, y
esto requiere de una lentitud que en muchos aspectos podría incluso
parecernos exagerada o irritante. Sin embargo, si hacemos cortes demasiado breves el resultado que obtendremos es que el espectador todavía
no ha tenido tiempo de explorar la totalidad de su entorno, y el corte le
parecerá brusco y sin sentido. De la misma forma, la herramienta del
montaje cinematográfico por excelencia, el corte, se muestra agresiva
dentro del entorno 360°, prefiriendo transiciones más suaves como en-
cadenados o fundido a negro.

El sonido es una pieza clave en el cine inmersivo. El espectador se encontrará en un entorno que trata de parecerse a su realidad, y de la misma forma el sonido se convertirá en una pieza envolvente. Mediante la tecnología del audio binaural se puede «Imitar» un sonido espacial a través de dispositivos simples como cascos o altavoces estéreo. Este efecto permite crear la sensación de que el sonido proviene desde un punto concreto de la esfera espacial en la que se encuentra el espectador. Si escucha sonidos o voces procediendo de un punto concreto, tendrá la tendencia de mover la cabeza para «descubrir» aquello que está sonando, ofreciendo así al realizador una poderosa herramienta a la hora de dirigir a su espectador.

La duración es un elemento clave de una producción audiovisual y, como hemos comentado al principio del libro, uno de los factores distintivos de la antigua industria cinematográfica, la cual definió sus duraciones en función al cálculo de beneficios. Si hoy en Netflix una serie puede durar varias temporadas en bloques de 10 a 15 capítulos de aproximadamente una hora de duración, la duración de una experiencia en 360° no puede siquiera acercarse a la de un mediometraje. Esto se debe principalmente a la falta de costumbre que el espectador tiene en estos entornos, pero también a una cuestión física y de cansancio sensorial. Es obvio que existen algunas personas con una increíble resistencia a los nuevos *inputs*, pero para el público mayoritario puede llegar a ser una tarea difícil superar la hora de experiencia inmersiva. Todo esto hace que los actuales productos no superen esta duración. Sin embargo, los rápidos avances tecnológicos del sector nos hacen presagiar un cambio inminente que permitirá una presencia cada vez mayor del público dentro de la realidad virtual.

La producción de cine en 360° cambió, por lo tanto, el modo en que el espectador ve una película, la manera en que los profesionales la realizan y también las formas de producirla y financiarla. En la etapa de la posproducción ese cambio no es menor. Hemos comentado que el ritmo del montaje cambia sustancialmente –ralentizándose de forma extrema– pero ese no es el único cambio. Como veremos más adelante, textos y elementos gráficos en 2D o 3D pueden integrarse de forma relativamente fácil mediante programas de posproducción y efectos digitales tales como Adobe After Effects. Y, aunque inicialmente estos programas no estaban preparados para la labor de conformar, es decir, «coser» las distintas imágenes que configuran un vídeo esférico, es corriente a día de hoy que cualquier programa profesional de vídeo incluya estas capacidades. Como veremos más adelante, existen toda una serie de procesos para trabajar un tipo de imagen que difiere extremadamente de la imagen de vídeo tradicional, y uno de los más importantes es justamente aquel que permite unir las distintas grabaciones de vídeo –un vídeo por cada una de las lentes que configuran la cámara 360°– y obtener así una imagen esférica de la mejor calidad posible, y sin defectos aparentes que puedan romper la sensación de realidad en la que queremos que se encuentre nuestro espectador.

Cámara de realidad virtual 360° OZO de Nokia

Tipos de cámara 360°

Consumer

GoPro Fusion
Ricoh Theta V
Detu Twin
Samsung Gear 360 (2017)
Yi 360 VR

Kodak PixPro SP360 4K
Insta360 One
Garmin VIRB 360
360fly 4K
LG 360 Cam (LGR105)

Profesionales

Nokia OZO
Gopro Odyssey
MoooVr
Lytro Immerge
Facebook Surround 360
Next VR
Videostich Orah 4i
Gopro Omni
Jaunt One
Eye Camera

Manual de producción de vídeo en 360°

Aunque la grabación de vídeo en 360° se ha popularizado enormemente en los últimos años, fundamentalmente debido al acceso de cada vez
más usuarios a algunos equipos más asequibles, hay que tener en cuenta que la producción de uno de estos vídeos es muy distinta a la de un
vídeo convencional. Si admitimos las particularidades técnicas y lin-
güísticas del medio, podremos convenir en que tanto la fase de escritura del guion y la preproducción, así como la distribución y promoción
de la película –siempre dentro del entorno de la difusión *online*– son
muy similares a una producción audiovisual tradicional. Sin embargo,
en cuanto a la realización de la película se refiere, hay que tener en
cuenta una serie de pasos básicos a seguir. Estos son tres: la grabación,
el cosido y la posproducción de vídeo en 360°. Indistintamente de que
se esté usando un sistema de grabación simple con cámaras Go Pro o
bien con equipos de alto nivel (High-end) como la cámara OZO Nokia
o un rig de cámaras RED One para producción VR, las tres etapas de
filmación y posproducción serán idénticas.

El estudio creativo Superlumen nos ofrece en su blog un excelente manual para la realización de vídeos en 360°.

https://superlumen.es/como-hacer-video-360-workflow-basico/

▶ Etapa 1: Grabación

Antes de empezar a grabar con una cámara de vídeo en 360° es necesario que esta sea configurada para optimizar las imágenes obtenidas de cara al proceso de posproducción. Tomamos como ejemplo una cámara GoPro Hero Plus, cuya configuración idónea sería la siguiente:

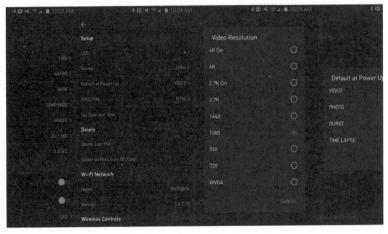

Cuadro configuración Gopro 4

Settings de cámara para rodaje en 360°

Es esencial que la configuración del ProTune esté activada. La nitidez debe ser baja y el perfil de color plano para que el material filmado ofrezca la mejor calidad posible en el momento de la posproducción.

◊   2,7 K

◊   25 fps o 30 fps (No 50 fps o 60 fps)

◊ Campo de visión WIDE

◊ Opción ProTune ON

◊ Auto Low Light desactivado

◊ Medidor de punto desactivado

◊ WB 5500K exteriores y 3000K interiores

◊ Nitidez baja

◊ Color plano

Otras recomendaciones para GoPro Hero 4+

◊ Utilizar el modo ProTune para lograr una mejor calidad de grabación.

◊ El campo de visión FOV (Field-of-View) debe ser WIDE al seleccionar 2,7K, 1440P o 960P.

◊ No hay que usar el modo SuperView o el modo 1080P, ya que las
   imágenes resultantes no podrán ser cosidas debido a la limitación de resolución.

◊ Es crucial asegurarse de que todas las cámaras dispongan de la
   misma configuración a la hora de filmar: resolución, *frame rate*,
   balance de blancos, espacio de color y modo ProTune.

◊ Es muy recomendable sincronizar todas las cámaras en su hora
   y fecha. No solo será útil en el momento del cosido y del procesado por parte del *software*, sino que su montador se lo agradece-
   rá eternamente.

Es importante tener en cuenta que las cámaras GoPro Hero 4+ generan archivos MP4 de 4 GB hasta que la memoria esté llena. En el modo
ProTune, la cámara generará un archivo MP4 de 4 GB cada 11 minutos
aproximadamente, o cada 8 minutos en caso de usar los modos
1440P/60 o superiores.

▶ Etapa 2: Cosido

En esta segunda etapa se deben unir las imágenes obtenidas por las distintas cámaras para formar el vídeo de 360°. En el caso, por ejemplo, de utilizar un Rig de seis cámaras, obtendremos seis vídeos independientes que deberemos unir en la fase de posproducción para obtener un único vídeo de 360°. Por lo tanto, el objetivo principal de este proceso es que todas las imágenes queden perfectamente enlazadas y con una continuidad idónea, sin perder información o duplicar elementos de la escena, y eso con el mínimo número de cortes posibles, tal cual un monstruo Frankenstein se tratara.

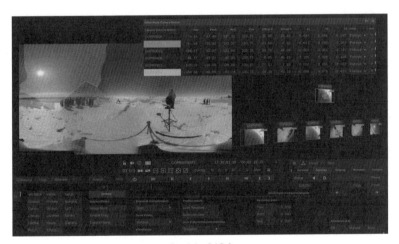

Cosido 360 °

Tomamos aquí el ejemplo del *software* Kolor AutoPano Video Pro para llevar a cabo el cosido. AutoPano nos permite unir diversos archivos en un vídeo final que abarca el resultante de 360° por 180°. El programa sincroniza automáticamente las imágenes obtenidas y las cose para que formen un único vídeo. Para obtener los mejores resultados utilizando este *software* hay que ser muy escrupuloso en el momento de equiparar los *settings* de las cámaras.

Otro factor que resulta esencial en el momento del cosido es la elección del Rig o de la montura de cámaras que se usen en la filmación. Determinadas monturas suelen ser más complicadas por su disposi-

ción, y eso dificulta la obtención de resultados satisfactorios en la posproducción, debiendo trabajar más en esta fase para lograr una imagen
final adecuada.

▶ Etapa 3: Posproducción

Esta etapa consiste en las tareas de montaje, etalonaje de color y corrección de errores visuales que distorsionen el resultado final. Existen diversos programas con los cuales montar, retocar y etalonar los vídeos de
360°. Se pueden además integrar efectos visuales y grafismos que permitan una mejor experiencia para el espectador.

Adobe incorpora diversas opciones para trabajar el contenido multimedia dentro del entorno 360° en vídeos de realidad virtual. Se han integrado funciones para la realización de vídeo 360° en sus aplicaciones.

Adobe Premiere Pro CC

Este programa de edición de vídeo con un largo historial dentro de la
industria audiovisual, es un referente para las tareas de montaje y etalonaje. El etalonaje es el proceso de posproducción que se centra en la
corrección del color y la mejora de la calidad visual de las imágenes
para obtener el resultado deseado.

Se trata de un programa versátil que permite editar de forma relativamente simple, así como trabajar la imagen con un alto grado de exi-
gencia.

Adobe After Effects CC

After Effects es un programa de referencia en la industria para trabajar efectos visuales, texto y gráficos animados. Su versatilidad permite, por ejemplo, incorporar textos y efectos en 3D sobre vídeos 2D, y aplicar efectos de
forma dinámica. Permite además enmascarar y corregir los principales errores de cosido de forma muy eficaz, lo que lo convierte en la actualidad en la
mejor opción para la posproducción de vídeos en 360°.

Las últimas versiones del programa añaden opciones muy adecuadas,
como el desarrollo indirecto de 3D mejorado o una excelente previsuali-
zación que facilita la posproducción con distintas fuentes de vídeo.

Posproducción 360° con After Effects

Kolor Autopano Video

Autopano Video Pro es la aplicación de edición y posproducción de vídeo desarrollada por la empresa Kolor, una división de GoPro. Incluye una aplicación de importación especial para Omni que automatiza la administración de datos y el proceso de edición. Cuenta también con Autopano Giga, un *software* de edición de imágenes de color que permite una edición precisa en el ajuste de geometría y color en los vídeos 360°.

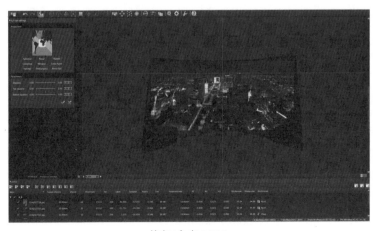

Kolor Autopano

10 consejos para la realización de vídeo en 360°

◊ **El equipamiento técnico es fundamental.** Se deben utilizar trípodes más livianos para que estos puedan ser fácilmente borrados en la posproducción. Cámaras con un mayor número de objetivos y una mayor resolución ofrecerán una mejor experiencia al espectador, aunque incrementarán también los problemas en el procesado del material del vídeo. Uno de los errores más característicos a la hora de lanzarse a la producción de vídeo en 360° es confiar excesivamente en el material *amateur*, el cual generará sin lugar a dudas unos resultados demasiado pobres para que la sensación inmersiva sea efectiva.

◊ **La cámara es la audiencia.** Es fundamental cambiar la idea del punto de vista en el cine convencional por el del punto de vista de la persona mirando libremente a su alrededor. Esta puede mover la cabeza y decidir en todo momento hacia qué punto quiere mirar. Desaparecen, por lo tanto, los conceptos tradicionales de la realización audiovisual como, por ejemplo, la relación entre planos generales y primeros planos. La naturaleza de la filmación en 360° impide además acercarnos excesivamente a personajes y objetos, ya que estos quedarán distorsionados debido a los grandes angulares. Es importante además limitar al máximo las cámaras en mano excesivamente movidas, o el montaje rápido y picado que confunde al espectador cuando está explorando la escena.

◊ **Pensar las costuras desde el rodaje.** Los Rigs de cámaras para la filmación en 360° pueden abarcar desde dos lentes hasta seis en equipos estándares de GoPro, o incluso 12 o 24 en cámaras profesionales de alto nivel. La posproducción de este material implica la necesidad de coser los distintos vídeos resultantes en la grabación, bien mediante un sistema automatizado o manualmente. La precisión de este proceso será clave en la calidad del resultado final. Es además muy importante posicionar las lentes de las cámaras en función de la escena. En este sentido, si la acción se encuentra muy alejada del objetivo, esta disposición puede ser bastante libre, pero, en cambio, si hay un actor o un objeto cerca de los objetivos, es interesante centrar uno de ellos para que le enfoque directamente, acción que nos ahorrará problemas a la hora de la posproducción.

◊ **La cámara lo ve todo.** Ya lo hemos mencionado una y otra vez, pero es cierto que este factor tiene una mayor importancia de la que puede parecer inicialmente. Al prescindir de iluminación tradicional o equipo presente en el plató, la dificultad de poner en escena se vuelve un verdadero rompecabezas. La ocultación de elementos técnicos y personales, así como la necesidad de dirigir estando ausentes del escenario, y manteniendo siempre un control mediante el combo no es el único gran problema del vídeo 360°. La dificultad real consiste en pensar cómo el espectador se va a mover en la escena.

◊ **Procesar la imagen.** Existen numerosos programas que permiten procesar el material resultante de una grabación en 360°. Cada uno de estos programas –algunos de los cuales ya hemos mencionado– posee sus propias características y potenciales a la hora de trabajar la imagen. Es muy importante conocer de antemano cuál será el *workflow* de trabajo, así como con qué tecnología trabajaremos la posproducción para desarrollar rodaje adecuado a esa dinámica.

◊ **Pensar en la mirada del espectador.** Como ya hemos comentado, el vídeo en 360° neutraliza la capacidad que ofrece el lenguaje audiovisual convencional. Al no poder determinar dónde dirigir la atención del espectador mediante la realización y el montaje, la primera pregunta que surge es cómo lograr centrar esa atención sin que se disperse. Algunos recursos que los cineastas han utilizado durante un largo tiempo pueden servir. La preferencia por los objetos en movimiento sobre aquellos que son estáticos, o el seguimiento de la fuente que genera un sonido ayudan a que el espectador mueva su casco en la dirección de estos elementos. Es importante notar que si en la escena hay demasiados elementos dinámicos el público sentirá una gran confusión y pérdida de interés.

◊ **Explorar la tecnología.** Existen numerosos equipos de grabación, procesamiento y posproducción de vídeo en 360°. Como toda nueva tecnología que genera entusiasmo y curiosidad, los fabricantes inundan el mercado con sus productos, un factor que puede generar numerosas dudas en los profesionales. Equipos caros o muy asequibles, tecnologías que viven cada vez unas duraciones más breves, y en última instancia el desconocimiento de si el material será útil en el plazo de unos dos años. Es crucial informarse mediante publicaciones y blogs especializados, consultar con profesionales en activo que se hayan pasado a la realidad virtual y mantenerse activo en los foros y redes sociales especializados en la materia para no perder de vista que esta es una tecnología nueva y cambiante.

◊ **Poner en cuestión los 360°.** Derivándose directamente del anterior punto, es fundamental reflexionar primero sobre si aquello que se va a realizar en 360° realmente necesita de esta tecnología, o si únicamente se está haciendo porque es una estética de moda. Esta es, por supuesto, una pregunta difícil, puesto que aún no sabemos con certeza cuáles son las potencialidades verdaderas de este tipo de lenguaje, ni si este va a perdurar en el tiempo. La mejor pregunta que hay que hacerse es si realmente pensamos que el vídeo 360° le aporta algo a la naturaleza del proyecto.

◊ **Optimizar el medio.** Si no sabemos muy bien hacia dónde evolucionará el vídeo 360° y la realidad virtual, sí podemos apreciar cómo el entorno interactivo está superando ampliamente el terreno de los audiovisuales lineales. El vídeo 360° es perfecto para este tipo de lenguaje y esto nos hace pensar que podría integrarse de forma muy fácil al entorno cercano de los interactivos y los videojuegos, aportando nuevos lenguajes como aquellos cercanos al periodismo, la enseñanza o el turismo. Es obvio que los profesionales que se adentran en este territorio serán los que definan, mediante sus descubrimientos, cuál va a ser el estándar de esta tecnología.

◊ **Contar historias.** Decía Joseph Campbell que toda la percepción de la realidad que nos rodea es una historia que nos conta-
mos a nosotros mismos. El gusto humano por escuchar historias
se ha manifestado a través de los siglos en innumerables tradiciones, formatos e inventos. Y los contadores de historias siempre
han sabido sacarle el mejor partido a técnicas aparentemente
tan simples como podrían ser, por ejemplo, la luz de una vela y
unas sombras proyectadas sobre una tela. En ese sentido, el potencial de la narración en 360° parece inmensa y, sin embargo,
numerosas preguntas surgen en el autor: cómo situar los actores,
mover la cámara, situar los elementos gráficos que guíen la mirada del espectador, como usar la voz en off... Estas preguntas su-
ponen el reto para el realizador escritor de piezas audiovisuales
destinadas a la realidad virtual, aunque finalmente solo un factor
importa: que las historias fascinen a la audiencia.

Rodaje con una cámara de 360°

7

EL CINE TOTAL

¿Realidad o ficción?

Al final de *eXistenZ* de David Cronenberg, la pareja protagonista encañonaba a un inocente vigilante el cual antes de que le disparasen les hacía la siguiente pregunta: «Un momento, decidme la verdad ¿seguimos dentro del juego?».

El «juego» al que se refiere el personaje de la película es una ficticia experiencia de realidad virtual total, en la que los participantes se integran mediante un sistema neuronal a unas consolas orgánicas que se conectan directamente al sistema nervioso de la persona. El resultado es una ilusión absoluta tanto a nivel de entorno como de personajes, sin que exista ninguna diferencia entre lo que el ser humano percibe en la realidad y dentro del juego. Estrenada en 1999, la película de Cronenberg es a menudo citada como un buen ejemplo de lo que podría suceder en un futuro próximo: videojuegos en los que los usuarios encuentren una realidad tan plausible como la que viven de forma cotidiana. Y con un factor aún más grave: que la realidad alternativa que ofrecen esos juegos sea mucho más fascinante y rica que la propia realidad del espectador.

Cartel de *eXistenZ* de David Cronenberg

Por supuesto, existen muchas otras obras literarias y físicas que exploran el territorio de la realidad virtual absoluta. Sin ir más lejos el escritor de ciencia-ficción norteamericano Philip K. Dick basó la mayor parte de su obra en este concepto, creando cuentos y novelas en las que se han basado películas como *Blade Runner, Totall Recall, A Scanner Darkly* o *Minority Report*. Recientemente incluso Amazon Studios ha producido una serie basada en la novela ucrónica de Dick, *The Man in the High Castle*, una historia que sucede dentro de una historia alternativa en la que los nazis hubieran ganado la Segunda Guerra Mundial.

Como en la mayor parte de las tramas de su autor, la separación entre realidad y ficción empieza a resquebrajarse causando una enorme ansiedad –a la par que esquizofrenia– en sus protagonistas, los cuales empiezan a dudar de cualquier elemento de verosimilitud en sus vidas para el mayor deleite de la audiencia.

Otras películas que basan su trama en conceptos de realidad virtual son *El mundo en el alambre* (1973) de Rainer Werner Fassbinder, *Strange Days* (1995) de Kathryn Bigelow o la muy popular *The Matrix* (1999) de los hermanos (hoy hermanas) Wachowski. Recientemente además Steven Spielberg ha adaptado la exitosa novela de Ernest Cline, *Ready Player One*, mostrando hasta qué punto la popularidad de la VR se encuentra en un momento álgido. Todas estas obras recuperan insistentemente el mismo concepto en el que un personaje-espectador –o en algunos casos la víctima– se funde dentro de una realidad alternativa absoluta, sin ninguna capacidad de percibir la frontera entre la ficción y la realidad. En dichas ficciones se encuentra el ideal absoluto de la creación cinematográfica: la de sumergir a su público dentro de una narración que le absorba por completo, haciéndole olvidar su vida real y ofreciéndole la visión de un mundo distinto al suyo en el que puede vivir, descubrir, experimentar y, finalmente, formar parte de ese universo ficticio.

El cine es sin ninguna duda una de las experiencias sensoriales y emotivas más poderosas que se pueden vivir y, a día de hoy, su capacidad para representar mundos y trasladarnos a lugares desconocidos es aún insuperable. Como comentábamos anteriormente, la industria del videojuego –considerada el décimo arte, detrás de la fotografía y el cómic– le está poniendo el listón muy alto en cuanto a expresividad y sensación de inmersión se refiere. Y eso solo por apuntar uno de los territorios más complicados que necesita conquistar la vieja industria audiovisual, dejando de banda los millones de usuarios que se entregan diariamente y de forma absolutamente fiel a un lenguaje que obviamente dominará el siglo XXI. Para los productores audiovisuales ya no es una cuestión de nostalgia recordar los tiempos en que las películas congregaban en sus salas oscuras a un público numeroso y entusiasmado, sino apreciar hasta qué punto las reglas del juego han cambiado y el lenguaje cinematográfico tradicional, aunque probablemente ennoblecido para largo tiempo, ha dejado de ser un entretenimiento masivo.

Red Dead Redemption 2 (2018) ©Rockstar Games

La televisión se ha convertido en el nuevo territorio de los grandes éxitos, mientras que las películas convencionales se dividen cada vez más en dos polos radicalmente opuestos: los *blockbusters* cargados de efectos especiales –con el suculento mercado que representa China– y el cine de autor reservado para una minoría fiel y entregada a las bondades de los festivales y los canales especializados. Sin duda, esta evolución es perfectamente natural dada la explosión de información que vivimos a través de los medios digitales, pero cabe preguntarnos si justamente esta tecnología no nos permite dar un paso más en la dirección que originalmente buscaba el propio lenguaje del cine. Permitir que un espectador se encuentre dentro de una experiencia cercana a un sueño, es decir, que lo englobe en una percepción total y absoluta que desvanezca los límites que tiene con la realidad, es obviamente un sueño que hasta hoy era impensable. Los cineastas surrealistas buscaban este reflejo onírico en sus películas –siendo esta afirmación muy discutible, puesto que algunos consideran que la única película verdaderamente surrealista es *Un perro andaluz* de Buñuel y Dalí– y utilizaban el medio cinematográfico como un vehículo para lograr reproducir la experiencia del sueño. Es interesante observar cómo en 2018 los géneros cinematográficos han superado ampliamente esta especie de compartimentos estancos en los que la publicidad y la comunicación trataban de encerrarlos, y por lo pronto muchas de las películas más fascinantes de los

últimos años vuelven a recuperar el empeño de los surrealistas por trasladarnos a lugares en los que nunca antes habíamos estado, «sintiéndo-
los» como si nos encontráramos dentro de un sueño. La revista francesa
Cahiers du Cinéma propuso que una serie de televisión fuera considerada la mejor película de 2017 –algo a lo que me inscribo totalmente–
votando la tercera temporada de *Twin Peaks* de David Lynch como mejor obra cinematográfica del año.

Fotograma de *Twin Peaks* temporada 3

Pocos cineastas son considerados hoy como autores capaces de generar obras que lleven el cine a un paso adelante, transformando el
lenguaje que conocemos y ofreciendo películas que nos generen una
impresión de algo nunca visto antes. En esa (discutible) lista podríamos
inscribir –con perdón, a Jean-Luc Godard– a Michael Haneke, Lars von
Trier, Quentin Tarantino, Apichatpong Weerasethakul, Béla Tarr, Nao-
mi Kawase, Gaspar Noé, el anteriormente mencionado David Cronenberg y, por supuesto, David Lynch. Sin duda, el autor que enlaza de
forma más evidente con la tradición fílmica de los surrealistas, artista
renacentista creador de películas fundamentales en la historia del cine
contemporáneo, pero también de una extensa obra plástica, videoarte,
música y libros, no hay ningún medio creativo en el que Lynch no sea
excelente. Su película *Mulholland Drive* es considerada por la crítica internacional como la mejor del siglo XXI, y la tercera temporada de *Twin*

Peaks –que Lynch concibió como una película de 18 horas y no un seguido de 18 capítulos con sus reglas y ritmos internos propios de la ficción televisiva– fue votada como mejor «película» del año 2017, una situación a la par irónica y reveladora que nos muestra hasta qué punto la transformación del medio cinematográfico está siendo radical.

Lynch dejó de hacer largometrajes después de *Inland Empire* (2006), una película que forma parte de una suerte de trilogía que concluye la iniciada por *Lost Highway* y *Mulholland Drive*.

En todas ellas el director explora narrativas no lineales, sugiere más que muestra y deja al espectador frente a un complejo puzle que reconstruir de las numerosas incógnitas y dudas que produce. Más preocupado por la transmisión de lo que llama «ideas» que de lenguaje cinematográfico convencional, el cual obviamente le importa un bledo, es cierto que todas sus películas tienen la extraordinaria capacidad de sorprender al espectador, por lo menos de no dejarlo indiferente, y eso, por supuesto, sin mencionar las discusiones en blogs y webs especializadas ofreciendo la posible solución a los problemas y acertijos narrativos que nos plantea. Lejos de querer aquí abrir un análisis sobre la fabulosa obra lynchiana, lo que nos interesa es apreciar el hecho de que ya hace más de una década el director decidiera que no volvería a rodar un largometraje al uso, es decir, de una duración estándar y planteado para ser presentado en la salas cinematográficas. El motivo era bien simple: el vehículo de la película tradicional ya no le sirve a Lynch para expresar aquello que desea. O dicho de otro modo, el cine tradicional ha muerto para él. Obviamente la situación es paradójica, ya que en el momento en que uno de los directores vivos más esenciales del cine mundial afirma que ya no vale la pena hacer películas, cabe preguntarnos si el formato no ha votado ya su trayectoria, o bien como decíamos anteriormente que lo que consideramos películas no son sino una primera fase –al igual que el arte rupestre es a las bellas artes– de una evolución aún muy primitiva y que se encuentra apenas en su amanecer.

Sea como fuere es cierto que además de Lynch, otros pesos pesados del arte cinematográfico, tales como Tarantino o Cronenberg, han afirmado que van a dejar de hacer largometrajes. Ya sea por motivos económicos, dificultad para financiar estas obras o la imposibilidad de explotarlas de la forma tradicional, cada vez más voces afirman que el cine debe evolucionar hacia nuevos formatos y encontrar sus canales más adecuados. El propio Lynch se centró en los últimos años en la creación de películas pensadas para los museos y las galerías de arte o de moda, videoinstalaciones y, por supuesto, en el desarrollo de guiones para la televisión, lugar en el que ha encontrado un entorno ideal para desarrollar una extraordinaria creación que hubiera sido completamente imposible fuera de ese medio.

La televisión se ha convertido en el nuevo El Dorado de la industria audiovisual. Recientemente premiado en el festival de Sitges, el actor Ed Harris afirmaba que sin duda lo mejor que se estaba haciendo cinematográficamente hoy en día tenía lugar en la televisión. Esta afirmación entronca claramente con las decisiones –a menudo drásticas– que están tomando algunos de los autores más esenciales en la reciente historia del audiovisual. Y, por supuesto, demuestran que la evolución provocada por la transformación digital no solo es imparable, sino que probablemente traerá nuevas formas y ventanas que aún ahora desconocemos por completo.

Cine interactivo, inmersivo y participativo

Sin duda, en el camino hacia la posibilidad de que el lenguaje audiovisual pueda emular de forma absolutamente realista la experiencia de encontrarse dentro de un sueño, el cine inmersivo es uno de los entornos más propicios para lograrlo. A medida que van apareciendo cada vez más salas comerciales dedicadas a la realidad virtual, y que festivales de cine prestigiosos como Venecia, Cannes o Sitges empiezan a mostrar cada vez más interés por esta tecnología, ofreciendo secciones especializadas en este formato e incluso adaptando las salas para la proyección de películas en 360°, vemos como un nuevo negocio se construye de forma vertiginosa.

Círculo de Bellas Artes de Madrid VR, Zinema XR

El productor ejecutivo de la empresa Zinema XR asegura que lo fascinante es que vivimos los primeros pasos de un nuevo lenguaje, en el que se empieza a reflexionar hacia adonde se dirige la mirada. Y según él eso se hace con luz, sonido, dentro de una esfera que el público dirige. El trabajo del director Guy Shelmerdine –con cortos como *Night Night* o *Catatonic*– se enfoca esencialmente a un público que, aunque viva la experiencia de forma individual, está compartiendo espacio con los otros espectadores, lo cual permite mantener intacta la práctica de comenzar la película con un café –o una cerveza– después de visionarla. Y no solo eso, sino que progresivamente aparecen dentro de la programación del cine en VR géneros como el documental o la animación. Las posibilidades son infinitas y eso se puede ver en los productos transmedia que se abren, incluso hay informaciones periodísticas, tal como han demostrado medios como *The New York Times*, *The Guardian*, *Le Monde* o *El País*. El productor ejecutivo subraya que este negocio no es aún boyante, sino una presentación a la sociedad que poco a poco irá disfrutando cada vez más del cine inmersivo. Tras producir en 2017 el cortometraje *Ceremony* de Nacho Vigalondo, los autores se interesan por un nuevo tipo de público, que como ya hemos dicho puede provenir más del entorno de los videojuegos propiamente que del cine tradicional. A medida que los precios de las gafas lleguen a ser razonables se irán haciendo más populares, y los compradores podrán conectarlas a su PC –o incluso a sus dispositivos móviles– y disfrutarlas en cualquier lugar. Los *gamers* ya están perfectamente acostumbrados a estos nuevos modos audiovisuales.

Carne y Arena de Alejandro González Iñárritu

Carne y Arena de Iñárritu es una instalación en la que te mueves por un escenario y pisas el paisaje. Tal como comentábamos anteriormente su objetivo es el de aproximarse de la mejor forma posible al territorio de los sueños, o de las pesadillas, ya que el proyecto se centra en una experiencia basada en la inmigración a través de la frontera sur de los estados. La pregunta a hacerse es fundamental: ¿Cómo cambiaría la mente de muchos si se les embarcara en una patera y se les hiciera cruzar el Estrecho rodeado de otros migrantes? Esa es exactamente la experiencia que propone Iñárritu al poner el espectador dentro de la piel de un migrante mexicano que trata de entrar en los Estados Unidos. Y tal como decíamos cuando hablábamos de los webdocs o documentales interactivos, vemos hasta qué punto el impacto social de las nuevas obras audiovisuales, basadas en medios digitales y transmitidas a través de plataformas vinculadas a redes sociales, ofrecen una capacidad poderosa y renovada que supera con creces aquellas viejas salas cinematográficas y esas cajas polvorientas y obsoletas que van perdiendo día a día todo su poder. Dicho de otra forma: el contenido lo es todo y el medio de difusión no tiene ningún mérito –únicamente evoluciona tecnológicamente dentro de su tiempo–, si no es, por supuesto, el de vincular socialmente a sus espectadores estableciendo una experiencia humana de riqueza incomparable. Pero si existe la posibilidad de emular esa experiencia sin la necesidad de los viejos medios, estos se vuelven prescindibles de forma inmediata.

Y esa es justamente la crisis a la que se enfrenta la industria audiovisual. Protegida a merced de decretos políticos que no hacen sino preservar el negocio que todos saben que ya no tiene viabilidad, y resistiendo las embestidas de una metamorfosis radical, la cual no solo afectará a los medios sino al conjunto de la sociedad. Tardamos demasiado en evolucionar hacia aquello que es verdaderamente inexorable, y que por decirlo francamente será muchísimo mejor para el público. Es cierto que el momento actual es propenso a incoherencias y preguntas que ponen en cuestión todo el (viejo) sistema que nos rodea. A título de ejemplo cabe presentar la historia del adolescente francés de 17 años que fue capaz de crear un sitio web y una aplicación móvil que permitía visionar más de 180 canales de televisión internacionales, públicos y privados, de forma totalmente gratis. Perseguido durante cerca de dos años por un sistema judicial que aún no tiene las armas para enfrentarse a tal revolución, las caras de asombro fueron mayúsculas cuando el juez del caso, ante el joven y un puñado de abogados que representaban a grandes empresas con beneficios multimillonarios ofreció la siguiente observación: ¿Es lícito encerrar a este joven −al cual se le pedían varios años de prisión− si él solo ha sido capaz de cuestionar la seguridad de empresas que emplean a miles de profesionales y que gastan cientos de millones en sus desarrollos? Tal vez cabe plantearse si no son esos profesionales los incompetentes incapaces de defenderse de lo que está llegando, y que, por lo tanto, a nivel social sería un delito privar de los mejores −aquellos capaces de alterar las reglas− frente a la evidente mediocridad de aquellos que son protegidos por las reglas fabricadas para un tiempo ya acabado.

Obviamente esta afirmación se enmarca dentro de un proceso de transformación social mucho más amplio. En el momento en que nos preguntamos si la robotización de la fuerza del trabajo va a dejar a más de la mitad de los trabajadores en el paro −o en la nada−, preocuparse por el devenir de la industria audiovisual parece un asunto baladí. Sin embargo, es esta misma industria la que está definiendo −o decidiendo− los destinos de millones de personas a lo largo del planeta. La influencia extraordinaria de los medios en el día a día de los individuos se hace patente en el momento en que la obsesión por ofrecer una mejor imagen a Instagram supera cualquier sacrificio que se hiciera en su momento al dios Baal. Sin querer entrar aquí en disquisiciones sobre dónde han pivotado las necesidades religiosas, cierto es que no podemos obviar el poder brutal que las nuevas «reclamaciones» digitales ejercen sobre el común de los mortales, y aún más, sobre un potencial grupo de humanos –cercano a los 5000 millones de individuos–, que de hacerse verdad la propuesta de Mark Zuckerberg de ofrecer *wifi* mediante un sistema de drones a los lugares más recónditos del planeta, podemos intuir que el siglo XXI va a traer algunas de las transformaciones más radicales en la historia de la humanidad.

Creepypasta slenderman

Y es que ya no podemos obviar aquí el poder de los contenidos que son creados, transmitidos y engrandecidos por los propios internautas. Historias que se transmiten a través de la red y los foros, se viralizan fácilmente en redes sociales, blogs temáticos o en YouTube. El formato multiplataforma y su medio natural, Internet, han hecho que se popularicen especialmente entre el público adolescente, aquel que dedica un mayor tiempo a navegar por la red, y que es especialmente proclive a «engancharse» a unos contenidos que se comparten masivamente en sus medios preferidos: Instagram, WhatsApp, YouTube y otras redes sociales. La capacidad participativa que ofrecen las tecnologías digitales ha transformado por completo no solamente los medios tradicionales, sino que desarrolla toda una nueva perspectiva en la que experimentar con contenidos que sean «intervenidos» por los espectadores. Este nuevo marco altera radicalmente la manera en que escribimos los productos audiovisuales, debiendo concentrar mayor esfuerzo no solamente en los gustos del público sino en generar previsiones sobre los comportamientos que determinan la continuación de la historia. El enorme poder de la red para generar e influenciar opiniones distintas sobre aquello que se está visionando o consumiendo, determina cada vez con mayor fuerza la creación de una obra pensada y desarrollada para este nuevo público. Y si en los últimos años ha quedado patente la necesidad de comunicar y promocionar cualquier tipo de pieza audiovisual con las redes –factor que analizamos detalladamente en *Producción de cine digital*–, en estos momentos estamos entendiendo que cada vez más la participación del público debe ser un elemento activo y continuo en la producción audiovisual y en la definición de sus guiones y contenidos.

El fin de la pantalla 2D

La convergencia de todos los medios digitales, así como el estallido de los dispositivos móviles, afecta intensamente a la industria cinematográfica. El planteamiento se centra ahora mismo en determinar cómo será la pantalla del futuro. Hemos hablado de entornos inmersivos, de películas que tienen que adaptarse por primera vez a una extraordinaria variedad de formatos, *online* y *offline*, de dispositivos que permiten al espectador «adentrarse» dentro de la misma película. Por todo esto, ha llegado el momento de reflexionar sobre qué es lo que definimos como pantalla en la actualidad. Acaso la capacidad humana de ver y oír es la única regla a la que debemos fiarnos. Y, aunque resulte violento, hay que plantearse seriamente que tal vez la función de la pantalla, basada esencialmente en el «canvas» heredado de las artes plásticas, está tocando a su fin.

Carpa de cine en VR

Si la tecnología actual ofrece a los creadores un marco incomparable para experimentar nuevas sensaciones y ofrecer al público una experiencia nunca antes vista, es lícito plantearse un futuro inmediato del cine que prescinda de la sacrosanta pantalla plana. Por otro lado, no es ya una cuestión de que la superficie luminosa que poseemos en todos nuestros dispositivos móviles, en nuestras casas y en nuestros trabajos vaya a ser sustituida de forma inmediata por gafas u otros mecanismos de visualización de imágenes. El concepto importante aquí es darse cuenta de que esta pantalla va a dejar progresivamente de ser una pantalla convencional, para evolucionar hacia un medio enriquecido con elementos gráficos multimedia y conectado a la red permanentemente. Este factor permitirá que la programación audiovisual futura no se concentre únicamente en la película o el programa de televisión, sino que el espectador pueda a la vez interactuar con los contenidos que está visionando, mediante enlaces hipertextuales que puedan abrir distintas ventanas sobre la propia obra principal. Y esto a la vez que está también comentando en tiempo real a través de las redes sociales. Va a ser cada vez más normal que una multitud de *inputs* audiovisuales se combinen simultáneamente en el consumo audiovisual, y eso probablemente para mayor desesperación de aquellos que detestan que se hable durante una película o que haya distracciones alrededor.

Televisión interactiva

Es crucial tener en cuenta este cambio –verdadero tsunami– que ya está sucediendo, pero que promete desarrollarse de manera extraordinaria en los próximos años. El futuro del cine y de los contenidos audiovisuales pasará obligatoriamente por una adaptación a estos nuevos modos de consumo a medida que el público más tradicional o reaccionario simplemente vaya desapareciendo. Hoy en día, a un millennial le parece inimaginable el vivir sin Internet o teléfono móvil, y sus hábitos de consumo y preferencias por cierto tipo de obras se manifiesta fuertemente en esta dependencia. Tal como decíamos al principio del libro, eso no quiere decir que las películas tal como las conocemos hoy vayan a desaparecer por completo, muy al contrario, se preservarán como arte esencial dentro de la cultura humana, y si somos optimistas eso permitirá además que su calidad no deje de incrementarse a medida que se desvincule de un mercado que simplemente ya no las necesita.

Pero, por otro lado, debemos entender y fijarnos claramente en que la industria está ya dejando el mercado tradicional de las películas. Se producen menos, se distribuye poquísimo y muchas de ellas quedan relegadas a entornos limitados como festivales o estrenos en salas residuales. Las salas de cine, por su propia supervivencia, evolucionan hacia teatros o lugares de *performances* con restauración incluida, como viene a ser el caso de Future cinema o nuevas salas de lujo que incluyen servicio de restauración y butacas de alto *standing*. Todo esto parece indicar claramente que el destino del viejo (aunque muy nuevo) entretenimiento cinematográfico está inevitablemente destinado a evolucionar en una dirección tal vez aún algo incierta, pero que sin duda aportará unas novedades asombrosas –y muy necesarias en la actual coyuntura– al panorama de la exhibición.

Antiguo cine abandonado

No es, por lo tanto, aquí una cuestión de poner en entredicho la perduración de la vieja pantalla de cine, sino la de reflexionar sobre su evolución dentro de un marco de digitalización masiva de la sociedad. En el momento en que el entorno tecnológico ofrece a los creadores unas capacidades inigualables para superar las limitaciones que ofrece el viejo mecanismo inventado por los Lumière, es fundamental plantearse hasta qué punto estos pueden llegar, aunque esto suponga un mazazo a la industria tradicional. Los directores de cine han integrado de forma brillante las capacidades de los efectos visuales y la posproducción, hasta el punto que los grandes *blockbusters* de Hollywood como, por ejemplo, Star Wars, Marvel o las producciones del estudio Dreamworks de Steven Spielberg incluyen tanta imagen sintética, que es difícil empezar a distinguir entre lo que podemos definir como animación 3D y lo que es Live Action, es decir, una imagen real con actores. Como ya sucedió hace algunos años con la producción de la película adaptada de los cómics de Tintín, realizada por Steven Spielberg y Peter Jackson, se debatió durante meses si esta obra, creada con la tecnología del Motion Capture, es decir, actores con sensores pegados al cuerpo que posteriormente son transformados en figuras 3D, podría ser candidata al Oscar a la mejor película de animación. La respuesta final de la academia norteamericana de cine fue negativa, puesto que consideraban animación aquella obra que es realizada, ya sea por medios tradicionales como el dibujo o bien con tecnologías actuales tales como el 3D, directamente por un animador y no mediante la conversión semi automática del movimiento de un actor a una figura tridimensional.

Actor con traje de Motion Capture

Aún así, la reflexión sobre lo que resulta ser imagen sintética o no es bastante interesante. A fin de cuentas, cualquier obra audiovisual consiste en la grabación por medios mecánicos y ópticos de la realidad, convirtiéndose por ende en una simulación de esta misma. Aunque preocupante porque ponen en un brete a toda una industria y un arte. No deja de ser fascinante la posibilidad de trabajar con actores y escenarios virtuales, prescindiendo por completo de profesionales humanos (en la interpretación) o entornos reales. Cada vez más la tecnología nos permite acercarnos a esta posibilidad. Y es en este momento en el que nos planteamos qué podría resultar de una película protagonizada por Leonardo DiCaprio, Marilyn Monroe y Rodolfo Valentino. Por muy absurdo que esto suene en estos momentos es cierto que no tenemos ni la más remota idea de cuáles podrán ser los gustos de los espectadores del futuro, y tal vez su gusto natural por el medio digital convierta en algo anticuado el hecho de trabajar con actores de carne y hueso y escenarios de la realidad, los cuales actualmente son tan radicalmente modificados en la posproducción que cualquier parecido con la realidad parece ser una pura casualidad.

La idea de finalizar con la pantalla 2D no se refiere únicamente al formato de la misma, sino en que el enriquecimiento, la transformación y los añadidos que esta podrá incluir en el futuro inmediato obliga a los autores de obras cinematográficas a pensar muy seriamente en la naturaleza de la misma. Ya no vale únicamente seguir produciendo obras de la misma forma que se hacían hace 30 años. Hay que plantearse hoy las capacidades extraordinarias que el medio digital nos ofrece. Ya sea en el terreno del vídeo interactivo, de las series en *streaming* o de la realidad virtual, el cambio está sucediendo ahora mismo e implica una evolución extraordinaria, la cual permitirá a aquellos que tengan una mayor intuición para detectar lo que está por venir producir las obras destinadas a cambiar nuestra sociedad de forma intensa y duradera.

Las nuevas profesiones del cine

Como hemos dicho, las TIC, tecnologías de la información y la comunicación, han transformado de forma consistente el actual entorno de la industria audiovisual. A medida que los distintos agentes de la producción tienen que repensar sus modelos de negocio, así como estrategias de distribución, programación y exhibición, las dinámicas generadas por actores como Netflix, YouTube, Amazon o Hulu están planteando una transformación radical del mercado del trabajo. La capacidad de consumir los contenidos audiovisuales de forma ubicua y en múltiples pantallas ha causado una disrupción absoluta que provoca una necesidad imperiosa de la industria a adaptarse a los nuevos modelos de negocio. Y esto provoca lógicamente la necesidad de nuevos perfiles profesionales que cubran las necesidades del sector. Como se indica en el libro blanco del audiovisual en España del 2017, «la rapidez de los cambios que ocurren en el sector audiovisual explican que la demanda de perfiles profesionales por parte de las empresas y de las instituciones se renueven de forma continuada. Este hecho requiere una respuesta del sistema educativo, que debe adaptarse progresivamente a las necesidades de formación emergentes en el mercado».

Por supuesto, este factor ha provocado que la totalidad de universidades especializadas en el campo de la comunicación audiovisual y multimedia, así como las escuelas de cine, televisión y medios audiovisuales, hayan empezado activamente a generar programas con el objetivo de cubrir la necesidad de creación y formación continua de nuevos perfiles surgidos de la confluencia de contenidos y tecnologías del sector audiovisual.

Programador trabajando en un proyecto de realidad virtual

Como se indica en el informe *Empleos del futuro en el sector audiovisual* de la fundación Atresmedia y PwC: «en un sector en transformación y estrechamente relacionado con el escenario digital, destacarán aquellas profesiones relacionadas con el análisis de audiencias y los macro datos (Big Data), la agregación de contenidos vinculados a ofertas de vídeo a la carta (VOD), ejes clave de la nueva oferta de transmisión libre (OTT) y de la televisión de pago». Se trata de contenidos que se consideran necesarios incorporar para su conocimiento y reflexión en el nuevo panorama audiovisual. Por supuesto, también aparecen las nuevas profesiones relacionadas con la creación y las narrativas transmedia, los contenidos específicos en torno a la distribución de contenidos audiovisuales para las plataformas VOD y los dispositivos móviles. Y además se generarán una multitud de nuevos empleos en las áreas de contenidos y *marketing*, entre los cuales destacarán los que estén vinculados al desarrollo multiplataforma.

Según otro informe de la consultora PwC «Entertainment and Media Outlook 2017-2022» son buenos tiempos para el cine. El resurgimiento del sector cinematográfico continuará durante la próxima década. La crisis económica y la piratería llevaron a una caída significativa de los ingresos de taquilla que cayeron a unas cotas verdaderamente dramáticas. Desde entonces, el cine ha mostrado síntomas de recuperación y desde 2016 ha recuperado beneficios crecientes que se esperan se mantengan estables hasta 2022, con una tasa de crecimiento acumulada muy positiva, hasta lograr una situación similar a la que tenía antes de la crisis. Este crecimiento se alcanzará, en gran medida, por el considerable aumento del consumo digital en el hogar, que actualmente ronda el 14% y que se espera sea del 25% en los próximos años.

Para mantener viva la capacidad de los creadores de fascinar a una audiencia sometida a una grandiosa oferta mediática, los profesionales no solamente deben adaptarse a las nuevas necesidades tecnológicas que producen, sino también aprender a plantear nuevos guiones y diseñar la producción de estos productos. Está claro que cualquier forma de comunicación se ve dictada por la digitalización, pero esto es especialmente visible en el cine y los medios audiovisuales, en donde van a aparecer profesiones y servicios de los que ahora mismo no tenemos ni la más mínima idea. En este contexto se abre un escenario muy prometedor para que los creadores cinematográficos y audiovisuales desarrollen modelos de éxito que generen grandes beneficios y numerosos puestos de trabajo.

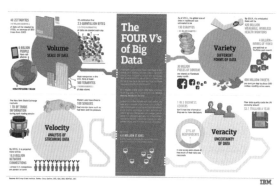

Big Data

Esta es una lista no exhaustiva de las potenciales nuevas profesiones del cine que surgirán en los próximos años. Obviamente, las propias sinergias resultantes de la implementación de los nuevos modelos industriales generará otras profesiones que aún en la actualidad son de muy difícil interpretación.

Nuevas profesiones del cine

- Realizador, guionista y productor de películas interactivas y webdocs
- Director de fotografía de películas de realidad virtual
- Equipo de cámara de películas de realidad virtual
- Realizador, guionista y productor de películas de realidad virtual
- Editor de películas de realidad virtual
- Diseñador de sonido de películas de realidad virtual
- Director artístico de películas de realidad virtual
- Creador de efectos visuales para películas de realidad virtual
- Modeladores y animadores 3D para proyectos de realidad virtual
- Especialistas en visualización 3D y realidad virtual

- Editor y posproductor de películas interactivas y webdocs
- Diseñador de entornos gráficos y UI (User Interface) para películas interactivas y webdocs
- Integrador y programador de películas interactivas y webdocs
- Distribuidor de películas interactivas, realidad virtual y webdocs
- Exhibidor de películas de realidad virtual
- Analista big data de medios audiovisuales
- Especialista en *marketing* de nuevos medios audiovisuales
- Especialista en financiación de proyectos audiovisuales interactivos (Product Placement)
- Integrador de proyectos transmedia, videojuegos y audiovisuales
- Programador de navegación e interfaces para películas interactivas y webdocs
- Programador de sistemas de navegación y lectura para películas de realidad virtual
- Programador de proyectos audiovisuales multiplataforma
- Programador de inteligencia artificial para el entretenimiento audiovisual

Código y audiovisual: las nuevas escrituras

La capacidad de escribir código informático se ha convertido en una necesidad que la sociedad está intentando cubrir mediante un apresurado programa para integrar su aprendizaje en las escuelas. En la actualidad se considera que los niños deberían empezar a aprender los lenguajes de programación desde los seis años, es decir, en el mismo momento en que aprenden a leer y escribir. La importancia de saber escribir para las máquinas es de tal magnitud que se considera que cualquier persona que en la próxima década no se adapte a esta capacidad se convertirá en un analfabeto digital, algo ciertamente muy próximo a aquellos individuos que eran incapaces de la lectura, cosa que gracias a la educación pública nos parece hoy algo perdido en el pasado de la ignorancia y la incapacidad. Sin embargo, el problema está creciendo día a día, ya que si millones de personas necesitan de dispositivos móviles y aplicaciones que les presten los servicios que requieren, aún una parte excesivamente reducida de la población posee la pericia de programar o modificar dichos mecanismos, con el objetivo de crear sus propios productos digitales.

Desarrollador de realidad virtual

Aunque nos parezca que el hecho de crear códigos y programas informáticos sea algo bastante alejado de la convencional forma en que realizamos películas y obras audiovisuales, lo cierto es que la evolución del medio nos acerca cada vez más a un entorno en que ya no únicamente trabajaremos con herramientas tales como las cámaras, los focos de luz, los micrófonos, las vías de *travelling* o los programas de edición, sonido y posproducción. Como hemos visto, la digitalización de la industria audiovisual ha trastornado por completo el viejo oficio que representaba hacer cine. Los nuevos medios y las tecnologías de la información y la comunicación han generado un nuevo territorio virtual en el que millones de espectadores pueden visionar las películas de forma ubicua y en cualquier tipo de dispositivo, desde un teatro IMAX hasta la pantalla del móvil. Y si estas evoluciones han provocado que muchas de las antiguas prácticas dentro de la industria cinematográfica, como eran, por ejemplo, las salas de proyección, empiecen a peligrar hasta el punto de desaparecer o de convertirse en piezas de museo o variantes de entretenimiento «original», es cierto que el futuro del mundo audiovisual será digital o no será, contradiciendo así una vieja y romántica idea de que tal vez el celuloide y su entorno podrían perdurar en el tiempo.

Comentábamos que algunos de los nuevos oficios vinculados al cine y los medios audiovisuales consistirían en el análisis y el estudio en tiempo real de las reacciones del público, utilizando recursos como el *big data* o la información que entreguen a un operario una serie de aplicaciones que observen el comportamiento de los espectadores. Si admitimos que estos nuevos profesionales formarán íntegramente parte de la nueva cadena de producción audiovisual, y que sin ellos ya no será posible realizar y exhibir películas –entre otros motivos porque sin estos recursos estas se volverían económicamente inviables–, también tendremos que asumir que estos roles requerirán de unas capacidades tecnológicas muy vinculadas al terreno de la informática, y que la formación en este campo será totalmente imprescindible. Por supuesto, esto transformará el mismo concepto del estudio de las artes cinematográficas y audiovisuales, obligando a las escuelas de cine, televisión y medios a integrar la formación del lenguaje digital dentro de sus programas docentes.

Las recientes evoluciones en el campo de la ingeniería y la tecnología prometen asimismo un verdadero tifón sobre lo que hoy entendemos como fuerza del trabajo. Y si ya hemos hablado de cómo la digitalización de esta industria ha alterado las maneras en que creamos las películas, aquello que está por venir tal vez supere ampliamente nuestras previsiones más delirantes. En efecto, si desde hace ya bastantes años estamos observando como la robotización del trabajo va a dejar millones y millones de individuos sin empleo, y que todas aquellas tareas más mecánicas o repetitivas serán fácilmente sustituidas por robots que hagan sus trabajos de forma mucho más precisa y además sin necesidad de descanso ni mucho menos de retribución alguna, podemos empezar a preguntarnos seriamente cuáles son los oficios del cine que serán sustituidos por máquinas.

Cámara en el rodaje de la película *Gravity* de Alfonso Cuarón

Años antes del estreno de la muy premiada película de ciencia-ficción *Gravity* (2013) del realizador mexicano Alfonso Cuarón, este le había hablado del proyecto a su amigo David Fincher, el realizador norteamericano responsable de películas como *Seven*, *El club de la lucha* o *La red social*. Al plantearle la posibilidad de desarrollar un movimiento de cámara que fluyera libremente alrededor de un actor sometido a una situación de ingravidez, o al menos en la sensación que esta podría transmitir al público, Fincher le contestó que en aquel momento aún no existía una tecnología capaz de generar ese movimiento. Para lograr la ilusión de que los personajes interpretados por Sandra Bullock y George Clooney verdaderamente flotaran sin el efecto de la gravedad en la estación espacial, hubo que desarrollar todo un plan de ingeniería que crearía un brazo mecanizado estructurado alrededor de tres rótulas cuyos ejes podían generar rotaciones de casi 360°, ofreciendo, de esta manera, unos puntos de vista nunca antes vistos en el cine. El efecto, por supuesto, se llevó todos los premios a los mejores efectos visuales, y por extensión permitió que la industria adaptara una nueva técnica para la representación realista de individuos flotando libremente en el espacio. De la misma forma que el invento del cine fue un artefacto mecánico que permitía aflorar los sueños y la imaginación de creadores dentro de la realidad –un fenómeno que comentamos ampliamente en el libro *Producción de cine digital* –, el nuevo salto tecnológico iba a ofrecer una visión completamente nueva a un público verdaderamente difícil de sorprender a merced de las capacidades del CGI y los efectos visuales.

Y si el cine se ha desarrollado durante toda su historia en base a su evolución tecnológica, y que su lenguaje se ha adaptado una y otra vez a las posibilidades técnicas que los inventores y desarrolladores ponían en las manos de artistas y técnicos, es lógico plantearse que esta evolución –paralela a la evolución global que está viviendo la humanidad– vaya a traer unos extraordinarios cambios a la manera en que ya no solamente vemos las películas sino en cómo las hacemos. Imaginemos por un momento a un realizador de los próximos años: en el set de rodaje, totalmente automatizado y gestionado por ordenadores que responden a sus órdenes vocales, un ejército de robots especializados mueven las cámaras, los decorados y la utilería necesaria para una escena. Las cámaras flotan sobre drones –con absoluta libertad de movimientos y eliminando cualquier impedimento que los mecanismos tradicionales generan– y se mueven dentro del decorado con un sistema de inteligencia artificial que detecta los distintos obstáculos para evitar colisiones. Aún es más, el ordenador que gestiona toda esta estructura permite que la escena sea rodada docenas de veces ofreciéndole al director y al montador un sinfín de posibilidades para construir su película. Ya no hay técnicos ni ayudantes, ningún auxiliar presente en el plató, toda la faena es realizada de forma extraordinariamente eficaz por unos robots que pueden trabajar 24 horas al día, siete días a la semana, 365 días al año, sin descanso, sin problemas y sin conflictos al productor. El director se convierte en un solitario jefe de orquesta, que no tiene más que vocalizar aquello que desea para que una armada de tecnología mecánica se pliegue ante cualquiera de sus deseos para hacer realidad aquello que ha decidido el autor.

Actor Virtual

Es más aún, si como decíamos anteriormente el desarrollo del 3D evoluciona hasta el punto de generar actores sintéticos perfectamente capaces de interpretar una escena creíble para el público –para el público que llegará, no para el que se va a marchar–, podemos presagiar una posibilidad digna de la ciencia-ficción –o de un capítulo de *Black Mirror*– y es la de que solo un director sea capaz de generar películas. Adiós a la industria audiovisual tal como la conocemos y adiós a los oficios del cine que nos enseñaba Michel Chion. Un director, su imaginación. Cientos de millones de espectadores. Esto es el nuevo cine y probablemente el sueño de muchos productores. Al menos el arte cinematográfico por fin será fiel al concepto de los chicos de *Cahiers du Cinéma: La politique des auteurs*, qué mejor cine que aquel que solo necesita al autor para ser real. Una verdadera fusión entre literatura y cine. Un autor y nadie más. Y este escribirá en código.

El neurocinema o el mundo de los sueños

Neurocinema o neurocinemática es la forma en que las películas, o escenas particulares de las películas, afectan a nuestro cerebro, y la respuesta que el cerebro humano da a una película o escena determinada. El término neurocinema proviene de los neurólogos que estudian qué partes de una película pueden tener más control sobre el cerebro de un espectador. Estos estudios se llevan a cabo con espectadores que visualizan películas proyectadas mientras son monitoreados en las máquinas de resonancia magnética funcional que mapean la actividad del cerebro. Los estudios han demostrado que ciertas escenas en ciertas películas estimulan diferentes partes del cerebro de diferentes maneras. Obtener este conocimiento no solo es beneficioso a nivel de neurociencia, sino también para los cineastas.

Aunque estos estudios comenzaron en la década del 2000, esta idea ha existido desde los primeros años de la película. Esto se demuestra con los experimentos de Sergei Eisenstein con la teoría del montaje y el famoso «Efecto Kuleshov» de Lev Kuleshov. Estos cineastas rusos estudiaron a cineastas estadounidenses como D.W. Griffith y descubrieron que la película era un arte «maleable». El efecto Kuleshov demostró que la yuxtaposición de una serie de imágenes juntas puede crear ideas y emociones en la mente de un público. Esto revolucionó la propaganda en la Unión Soviética para difundir la influencia de la fuerza colectiva de un nuevo estado marxista después de la revolución de 1917.

Esta idea ha crecido desde entonces. Alfred Hitchcock se refirió a esta idea de la película que dice: «La creación [de la película] se basa en una ciencia exacta de las reacciones de la audiencia». Dijo que esto era mucho antes de que la tecnología de resonancia magnética fuera aún insondable. En años más recientes, las agencias de mercadotecnia han tenido su presencia en estos estudios en términos de neuromarketing. Utilizan «fMRI, EEG, respuesta galvánica de la piel, seguimiento ocular y otros enfoques biométricos» para detectar avances y mostrar a los estudios y compañías de producción cómo comercializar mejor una película para su distribución.

Estos estudios se llevan a cabo con espectadores recostados sobre sus espaldas con un espejo sobre ellos. Las películas se proyectan en esos espejos y el sonido se transmite por los sujetos que usan audífonos de alta fidelidad compatibles con MRI. Mientras los espectadores ven estas películas, se les monitorea en las máquinas de resonancia magnética funcional que mapean la actividad del cerebro. Cuando se llevan a cabo los estudios, se les dice a los participantes que pueden mirar donde les plazca, lo que se conoce como «visualización gratuita», y se les dice que pueden detener el estudio en cualquier momento. Todos los participantes en el estudio tuvieron movimientos y estimulación oculares similares en áreas del cerebro cuando se les mostraron ciertas películas, escenas o clips de vídeo, independientemente del método de «visualización libre» que se implementó. Esto fue documentado por un nuevo método de «correlación entre sujetos» en el que mapearon la actividad cerebral de los participantes y los alinearon en la misma línea de tiempo.

Experimento de neurocinema

Peter Katz trabaja con MindSign Neuromarketing, un grupo involucrado en los estudios neurológicos del cine. Él y su equipo están llevando esta «investigación de mercado actual» al enfocarse en géneros específicos para comprender cómo los directores pueden afectar la mente subconsciente de la audiencia. Por ejemplo, en el género de terror, la IRM solía ver la actividad en la amígdala para buscar emociones de miedo, enojo, rabia y lucha o huida. Al utilizar la información obtenida de las IRM, pueden determinar exactamente qué escenas e incluso imágenes específicas invocan una respuesta emocional, o lo contrario. El potencial para este tipo de información es que puede ser más preciso que los formularios que se completan al final de las evaluaciones de prueba, ya que los datos se registran en el momento y registran cómo reaccionan subconscientemente los sujetos, y no cómo reaccionan conscientemente.

Conclusiones finales (y futuras)

Es común actualmente escuchar, al referirse a las nuevas tecnologías audiovisuales, que nos encontramos en un momento similar –si no igual– al de los inicios del cine con los hermanos Lumière o Georges Méliès, inventando y aprendiendo a la vez un lenguaje que iba a revolucionar la sociedad humana de una forma nunca antes vista. Si esto es cierto o no, únicamente el tiempo sabrá decirlo, verdaderamente podemos apreciar que nuestro mundo está cambiando intensamente a merced de la revolución digital. Esta ha traído algunos cambios que han transformado por completo la forma en que trabajamos, aprendemos, nos relacionamos, y muy especialmente en la manera en que consumimos e interactuamos con aquello que comúnmente llamamos entretenimiento. La industria audiovisual no es ajena a esta evolución y se encuentra también en un proceso de metamorfosis para adaptar todo el abanico de nuevas posibilidades que le brinda la tecnología.

Es más aún, hay quien opina que esta evolución no es sino un camino lógico en el desarrollo de un lenguaje aún muy joven, y que posiblemente aquello que hoy consideramos como el estándar del cine, la televisión o el vídeo se lleguen a convertir en elementos prehistóricos que no eran sino un eslabón dentro del natural crecimiento del medio. Las evidentes limitaciones que nos brinda la antigua técnica cinematográfica palidecen ante nuevas y extraordinarias opciones ofrecidas por las TIC, y nuevos campos de exploración y experimentación como el transmedia o la realidad virtual.

Tecnologías de la información y la comunicación

Si en los últimos años hemos vivido un auténtico auge de la industria televisiva frente a la tradicional producción cinematográfica, y eso muy especialmente debido a las plataformas de distribución en *streaming*, cabe preguntarse hacia dónde se encaminará el lenguaje audiovisual en las próximas décadas. Su cada vez mayor proximidad con el mundo de los videojuegos, una industria que ya supera en recaudación a la del cine, puede hacernos pensar en que ambos mundos acaben fusionándose, creando así un lenguaje híbrido que podrá marcar a las futuras generaciones.

Y si cualquier cambio es por definición emocionante debido a las novedades que puede aportar, en el caso del cine y los medios audiovisuales, este nos hace imaginar una muy cercana capacidad para cumplir el viejo sueño de los pioneros que lo inventaron y popularizaron: la de situar al espectador en el mismo centro de un sueño. Debemos estar muy atentos a las evoluciones que van a ir surgiendo en los próximos años, ya que de estas aparecerán numerosas nuevas profesiones y técnicas, así como un crecimiento asombroso de una industria cuyos beneficios prometen superar los delirios más increíbles de cualquier inversor.

¿Significa, por lo tanto, esto la muerte del viejo cine? Es muy improbable. La fuerza expresiva y emocional del séptimo arte ya está totalmente incrustada dentro del inconsciente y es una pieza fundamental, pese a su relativa juventud, del arte y la creación humana. Sin duda, su permanencia está más asegurada y su difusión se desarrollará mediante nuevas y originales propuestas que darán más de una vuelta de tuerca a las viejas y desvencijadas salas. Sin duda, hay que agradecer a la nueva distribución el hecho de que hoy el público de cine sea el mayor de toda la historia gracias a Internet. A medida que los nuevos modelos de financiación y explotación superen las barreras y obstáculos de aquellos más tradicionales, así como el desarrollo de soluciones contra la piratería, podemos augurar un futuro dorado para el cine digital en el siglo XXI.

Sala de cine

BIBLIOGRAFÍA

Agel, Henri. *Exégèse du film.* Aléas, 1994.

Arijón, Daniel. *Gramática del lenguaje audiovisual,* Autor-Editor, 1994.

Aumont, Jacques. *Estética del cine,* Paidós, 1985.

Bordwell, David, Thompson, Kristin. *El arte cinematográfico,* Paidós, 1995.

Calvo Herrera, Concepción. *Distribución y lanzamiento de una película,* Alcalá Editorial, 2009.

Carrasco, Jorge. *Cine y televisión digital,* Universitat de Barcelona, 2010.

Chapman, Nigel; Chapman, Jenny. *Digital multimedia.* Wiley, 2009.

Chion, Michel. *El cine y sus oficios,* Cátedra, 2009.

Cloquet, Arthur. *Initiation à l'image de film,* Femis, 2010.

Comolli, Jean-Louis; Sorrel, Vincent. *Cine, modo de empleo: de lo fotoquímico a lo digital.* Manantial, 2016.

Corbett, David. *El arte de crear personajes: en narrativa, cine y televisión.* Alba, 2018.

Corman, Roger; Jerome, Jim. *Cómo hice cien films en Hollywood y nunca perdí ni un céntimo,* Laertes, 1992.

Edgar, Robert; Marland, John; Rawle, Steven. *El lenguaje cinematográfico.* Parramón, 2016.

Feldman, Simon. *La realización cinematográfica,* Gedisa, 2015.

Fernández Díez, Federico; Blasco, Jaume. *Dirección y gestión de proyectos: aplicación a la producción audiovisual,* Edicions UPC, 1995.

Fernández Díez, Federico; Martínez Abadía, José. *Manual básico de lenguaje y narrativa audiovisual*, Paidós, 2003.

Figgis, Mike. *El cine digital*, Alba Editorial, 2008.

Francés, Miquel. *Hacia un nuevo modelo televisivo*. Gedisa, 2009.

Gifreu, Arnau. *El documental interactivo*. UOC, 2014.

Goodridge, Mike. *Dirección cinematográfica*, Blume, 2014.

Gubern, Román. *Historia del cine*. Anagrama, 2016.

Hart, John. *La técnica del storyboard. Guion gráfico para cine, TV y animación*, IORTV, 2001.

Herrero, Miguel. *Hiperficción, del cine interactivo a la realidad virtual.* Cinestesia, 2015.

Jaraba, Gabriel, *YouTuber,* Ma Non Troppo, 2015.

Jenkins, Henry. *Convergence Culture: La cultura de la convergencia de los medios de comunicación*. Paidós Ibérica, 2008

Jenkins, Henry. *Fans, bloggers y videojuegos: La cultura de la colaboración*. Paidós Ibérica, 2009,

Jenkins, Henry. *Piratas de textos: Fans, cultura participativa y televisión*. Paidós Ibérica, 2010,

Katz, Steven D. *Film directing shot by shot,* Michael Wiese Prod. , 1991.

La Ferla, Jorge. *Cine (y) digital, Aproximaciones a posibles convergencias entre el cinematógrafo y la computadora*. Manantial, 2009.

Lamelo, Carles. *Televisión social y transmedia. Nuevos paradigmas de producción y consumo televisivo*. UOC, 2016.

Lebihan, Yann. *Historia de los videojuegos*. Ma Non Troppo, 2018.

Li, Ze-Nian; Drew, Mark. *Fundamentals of Multimedia*. Springer, 2014.

Linares Palomar, Rafael. *La promoción cinematográfica*, Fragua, 2009.

Luque, Ramón; Domínguez, Juan José. *Tecnología digital y realidad Virtual*. Síntesis, 2011

Manovich, Lev. *El lenguaje de los nuevos medios de comunicación. La imagen en la era digital*. Paidós Ibérica, 2005.

Manovich, Lev. *El software toma el mando*. UOC, 2013.

Manovich, Lev; Kratky, Andreas. *Soft Cinema. Navigating the database*. MIT, 2005

Marimón, Joan. *El montaje cinematográfico*, Universitat de Barcelona - Escac, 2014.

Martin, Marcel. *El lenguaje del cine.* Gedisa, 2009.

Martínez Abadía, José; Fernández Díez, Federico. (2010). *Manual del productor audiovisual*, Editorial UOC, 2010.

Matamoros, David (coord.). *Distribución y marketing cinematográfico. Manual de primeros auxilios*, Universitat de Barcelona, 2008.

McKee, Robert. *El Guión*, Alba Editorial, 2009.

Millerson, Gerald. *Vídeo manual de producción*, Escuela de Cine y Vídeo de Andoain, 2011.

Murch, Walter. *En el momento del parpadeo*, Ocho y medio, 2003.

Navarro, Fernando. *Realidad Virtual y realidad aumentada*. RA-MA, 2018

Neira, Elena. *La otra pantalla: Redes sociales, móviles y la nueva televisión.* UOC, 2015.

Ondaatje, Michael. *Walter Murch y el arte del montaje,* Plot, 2007.

Quintana, Àngel. *Después del cine, Imagen y realidad en la era digital.* Acantilado, 2011.

Quiroga, Elio. *Luz, cámara, ¡Bits!,* Dolmen Editorial, 2015.

Rabiger, Michael. *Dirección cinematográfica. técnica y estética*, Omega, 2009.

Ramírez, Carlos. *Maestros del terror interactivo.* Síntesis, 2015.

Rheingold, Howard. *Realidad Virtual: los mundos artificiales generados por ordenador que modificarán nuestras vidas.* Gedisa, 2009.

Ryan, Johnny. *A History of the Internet and the digital future.* Reaktion Books, 2013.

Ryan, Marie-Laure. *La narración como realidad virtual.* Paidós Ibérica, 2004.

Scolari, Carlos Alberto. *Narrativas Transmedia: cuando todos los medios cuentan*, Deusto, 2013

Seger, Linda y Whetmore, Edward J. *Cómo se hace una película*, Ediciones Robinbook, 2004.

Shenk, Sonja; Long, Ben. *Manual de cine digital*, Anaya Multimedia, 2012.

Snyder, Blake. *¡Salva al gato! El libro definitivo para la creación de un guión*, Alba Editorial , 2010.

Simpson, Robert S. *Manual práctico para producción audiovisual*, Gedisa, 2009.

Torrado, Susana; Ródenas, Gabriel; Ferreras, José Gabriel. *Territorios transmedia y narrativas audiovisuales,* UOC, 2018

Tubau, Daniel. *El guion del siglo xxi,* Alba, 2011.

Tubau, Daniel. *El espectador es el protagonista,* Alba, 2015.

Vilches, Lorenzo. *Diccionario de teorías narrativas: Cine, Televisión, Transmedia.* Caligrama, 2017

Vilches, Lorenzo. *Convergencia y transmedialidad.* Gedisa, 2013

VV.AA. *Posproducción digital: una perspectiva contemporánea.* Dykinson, 2015.

Worthington, Charlotte. *Bases del cine 01: Producción,* Parramón, 2015.

Wurmfeld, Eden H.; Laloggia, Nicole. *Independent filmmaker's manual,* Focal Press, 2004.

El cine digital supone una experiencia visual totalmente distinta a la que estábamos habituados. Aunque los elementos propios del género (la construcción visual de los cuadros, la secuenciación de la narrativa, el montaje, la interpretación, la escritura del guion, el estilo de realización) no hayan variado mucho desde sus inicios, la evolución técnica ha supuesto una nueva manera de crear y disfrutar del cine. La posibilidad de filmar, grabar, procesar, transformar, almacenar, distribuir, presentar y compartir la información mediante medios y a través de redes digitales, de forma efectiva, con una calidad incomparable y unas limitaciones cada vez menores, se ha convertido en el argumento definitivo para la adopción del medio al entorno cinematográfico.

- El proceso de creación de una película de cine digital.
- Cierre del rodaje (Wrap).
- Manual para producir vídeo aéreo con drones.
- Youtube: Paso a paso de la producción audiovisual en Internet.
- El cine en los dispositivos móviles.

Todos los títulos de la colección *Taller de:*

Taller de música:
Cómo leer música - Harry y Michael Baxter
Lo esencial del lenguaje musical - Daniel Berrueta y Laura Miranda
Apps para músicos – Jame Day
Entrenamiento mental para músicos – Rafael García
Técnica Alexander para músicos – Rafael García
Cómo preparar con éxito un concierto o audición – Rafael García
Las claves del aprendizaje musical - Rafael García
Técnicas maestras de piano - Steward Gordon
El Lenguaje musical - Josep Jofré i Fradera
Home Studio - cómo grabar tu propia música y vídeo – David Little
Cómo componer canciones – David Little
Cómo ganarse la vida con la música – David Little
El Aprendizaje de los instrumentos de viento madera – Juan Mari Ruiz
Cómo potenciar la inteligencia de los niños con la música – Joan María Martí
Cómo desarrollar el oído musical – Joan María Martí
Ser músico y disfrutar de la vida – Joan María Martí
Aprendizaje musical para niños - Joan María Martí
Aprende a improvisar al piano - Agustín Manuel Martínez
Mejore su técnica de piano – John Meffen
Musicoterapia - Gabriel Pereyra
Cómo vivir sin dolor si eres músico – Ana Velázquez
Guía práctica para cantar en un coro – Isabel Villagar
Guía práctica para cantar – Isabel Villagar

Taller de teatro:
La Expresión corporal - Jacques Choque
La Práctica de los monólogos cómicos – Gabriel Córdoba
El arte de los monólogos cómicos – Gabriel Córdoba
Guía práctica de ilusionismo – Hausson
Cómo montar un espectáculo teatral – Miguel Casamajor y Mercè Sarrias
Manual del actor – Andrés Vicente

Taller de teatro/música:
El Miedo escénico – Anna Cester

Taller de cine:
Producción de cine digital – Arnau Quiles y Isidre Montreal

Taller de comunicación:
Hazlo con tu Smartphone – Gabriel Jaraba
Periodismo en internet – Gabriel Jaraba
Youtuber – Gabriel Jaraba

Taller de escritura:
Cómo escribir el guion que necesitas – Miguel Casamajor y Mercè Sarrias
El Escritor sin fronteras – Mariano Vázquez Alonso
La Novela corta y el relato breve – Mariano Vázquez Alonso